KB266212

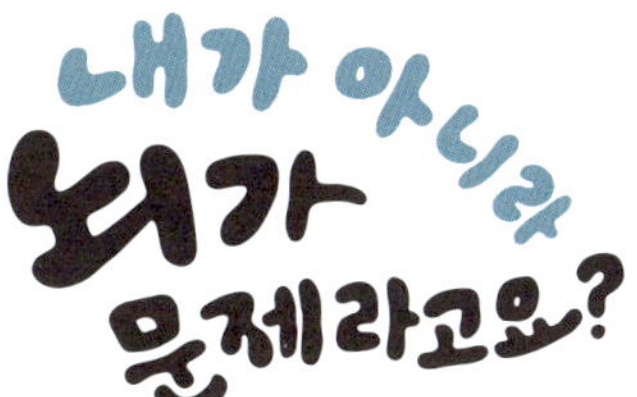

내가 아니라
너가
문제라고요?

박솔 지음

내가 아니라 뇌가 문제라고요?

불안과 중독에서 나를 지키는 뇌과학 이야기

곰곰

아주 오래전부터 사람은 자기 자신을 알고 싶어 했어. 어떤 선택을 내리고 행동을 취할 때 사람만큼 그 이유를 고민하는 동물은 아마 없을 거야. 주어진 환경에서 내게 위험하지 않은 방향, 그러니까 본능이 이끄는 방향에 따라 행동하면 간단할 테지만 사람은 가능한 한 모든 일에 의미를 부여하려는 편이지. 그렇게 찾아낸 이유로 스스로를 정의하고, 다른 사람과 자기 자신을 구분하고자 하는 거야. '나는 왜 이런 결정을 내린 걸까?'라는 질문은 그 행동의 이유를 묻는 게 아니라 결국 '나는 어떤 사람일까?'라고 물어보는 것이거든.

사람이 자기 자신에 관해 어떤 고민을 얼마나 하는지는 각각 달라서 지구상의 사람은 모두 서로 다른 성격과 개성을 가질 수밖에 없어. 세상에 수십억 명이 존재하는데 내가 그 누구와도 같지 않고 유일무이하다니, 나 자신이 얼마나 특별한 존재인지 상상할 수 있겠어? 수십억이라는 숫자는 어느 정도인지 어림잡기 어려울 만큼 큰데, 그 많은 사람 중에 나와 같은 사람이 단 한 명도 존재하지 않는다는 건 정말 신비로운 일 같아. 내 성격과 개성, 나아가 내 존재 자체가 얼마나 소중한지 말로는 도무지 설명하기가 힘들어.

그런데 내가 이렇게나 소중하다는 사실을 평소 얼마나 느끼고 지내? 사람들은 대부분 자신이 얼마나 소중한 존재인지, 또 자신의 성격이 얼마나 특별한지를 자주 잊는 것 같아. 대다수가 자신을 사랑하고 자신에게 감탄하기보다, 스스로를 미워하고 부끄러워하는 시간이 훨씬 많다는 생각이 들 땐 꽤 슬퍼져. 평생 나를 가장 많이 사랑해 줄 수 있고, 가장 정확하게 이해할 수 있는 건 자기 자신인데, 그런 내가 나를 별로 사랑하지 않는다면 너무 속상한 일 아닐까?

나를 충분히 사랑하지 못하는 이유는 아마도, 정말 미워할 만한 이유가 있어서이기보다 스스로를 깊이 이해하지 못해서인 것 같아. 내가 어떤 사람인지 더 많이 생각하고, 어떤 모습이 되고 싶은지 고민한다면, 그리고 그렇게 변화하려고 노력하다 보면 나를 사랑하지 않을 수 없을 테니까 말이야.

안타깝게도 자기 자신에 관해 천천히 생각하고 고민할 시간과 기회가 갈수록 더욱 더 줄어드는 것 같아. 특히 소셜 미디어로 다른 사람의 모습과 자극적인 정보가 수도 없이, 그리고 너무도 쉽고 빠르게 주어지니까 그 자극을 받아들이는 데 거의 모든 에너지와 시간을 쓰기가 쉬워. 가만히 나를 돌아보고 생각할 시간을 내기가 더 어려워지는 거지.

자아를 탐구하고, 내 모습을 만들어 나가는 데 청소년기는 특히 매우 중요한 시기야. 이 시기에 충분히 나를 이해하지 못하고 넘어가 버리면 우리는 계속해서 나 자신을 제대로 모르고, 그래서 나를 사랑하지 못하는 어른으로 남게 될지도 몰라.

그럼 나를 잘 이해하려는 고민은 어디서부터 시작해야 할까? 도움을 조금 얻을 수 있게 쌍둥이 자매 민지와 영지의 일기장을 따라가 보는 거 어때? 또래인 민지와 영지의 속마음을 들여다보면 공감가는 부분이 많을 거야. 또 두 사람의 고민을 읽다 보면 내 마음속에 있던 고민이 떠오를지도 모르지. 민지와 영지가 일기장에 털어 놓은 이야기를 같이 읽어 보고, 이런 마음이 어떻게 생겨났는지를 뇌 속에서 벌어지는 일과 함께 살펴보자.

사실 우리의 모든 고민, '내가 누구일까?'라는 질문과 그 답은 '내 뇌에서 무슨 일이 일어나고 있는 걸까?'라는 질문으로 바꿀 수 있기도 하거든. 외부 자극을 받아들이는 감각부터 마음속에서 느껴지는 감정까지 모두 다 뇌가 움직이지 않는다면 생겨나지 않아. 내가 살아서 움직이는 동안 내 몸에서 (겉으로 드러나든 속에 숨겨져 있든) 일어나는 모든 일은 뇌가 만들어 내는 거야. 그래서 뇌를 이해하면 곧 나 자신도 더 잘 이해할 수 있게 돼.

뇌는 어떻게 이 모든 일을 해내고 또 내가 나로서 존재하게 하는지 한번 알아보자. 민지와 영지의 일기장을 읽고 뇌를 구석구석 살펴보고 나면 우리는 아마 세상에서 자기 자신과 뇌를 가장 잘 이해하는 사람 중 하나가 될 거야. 그럼 첫 번째 일기를 같이 열어 볼까?

차례

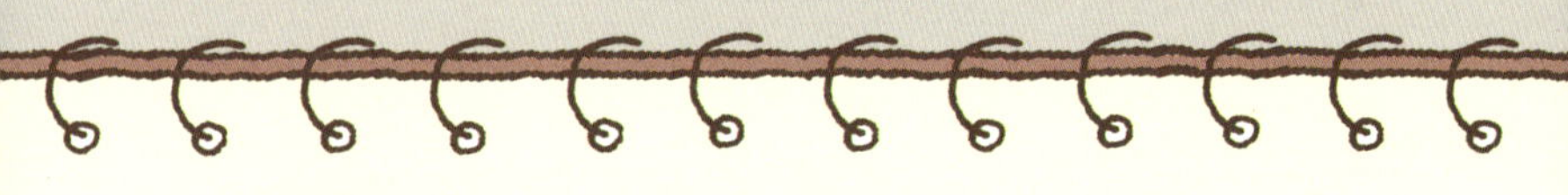

1. 사춘기라 예민해진 걸까?

예민함

요즘 즐거운 일이 하나도 없다. 학교도 피아노 학원도 재미가 없다. 짜증이 날 때면 피아노 학원으로 달려가 피아노를 치곤 했는데…….
내게 무슨 일이 일어난 건지 모르겠다.

아니, 사실은 그 이유를 안다. 일곱 살 꼬마 때부터 같이 다니던 친구 정은이가 유학을 가 버렸기 때문이다. 원래부터 피아노 치는 것도 피아노 선생님도 좋아한 적이 없었던 거다. 사실은 정은이가 좋아 피아노 치러 가는 길이 즐거웠던 것뿐이다. 그걸 이제 깨달은 내가 바보다. 정은이가 없으니 만사가 짜증스럽고 기분이 쉽게 나빠진다. 학교에서는 다른 친구들이, 집에서는 영지가 매일 정은이에 관해 물어본다. 물어볼 때마다 짜증이 나는데, 마음을 알아주는 사람은 아무도 없고 오히려 나보고 예민하다고 한다. 정말 짜증 난다.

그런데 사실은 사람들 말이 맞는 건 아닐까 하는 의문이 든다. 내게 사춘기가 와 성격이 예민하게 변한 걸까? 정은이가 떠나서도, 내게 눈치 없이 정은이 이야기를 해 짜증 나게 하는 사람들 때문도 아니고, 정말 내가 성격이 예민해 문제인 걸까?

민지가 요즘 들어 많이 예민해진 것 같아. 누구나 짜증이 날 때가 있지만, 어떤 사람은 작은 일에도 신경을 많이 쓰고 쉽게 짜증을 내는 성격이고, 어떤 사람은 굉장히 괴롭고 신경 쓰일 것 같은 일에도 생각보다 아무렇지 않은 무던한 성격이야.

이런 성격과는 별개로 좀 더 예민해지는 시기가 있는 것 같기도 해. 열두세 살 정도가 되면 사춘기가 온다고 하잖아. 혹시 민지가 예민한 이유는 성격 때문이 아니라 인생의 어느 시기에 '사춘기'라는 이름으로 지나가는 현상을 겪어서는 아닐까? 그런데 사춘기가 정확히 어떤 건데? 모두가 예민하다고 하는 민지의 뇌에 무슨 변화가 일어나는지 살펴보면서 예민함이 타고난 성격인지, 또 사춘기랑은 무슨 관계가 있는지 알아보자.

떠나자, 뇌 속 탐험!

우와, 저기 좀 봐. 뭔가 엄청난 움직임이 느껴지는데? 저기 관 보여? 꼭 비가 많이 왔을 때의 수도관처럼 관 안에 뭔가 콸콸 흘러. 저 관에서 흐르는 무언가가 폭포 소리를 만들어 내네. 저기가 어딜까? 아주 가까이 가 보자.

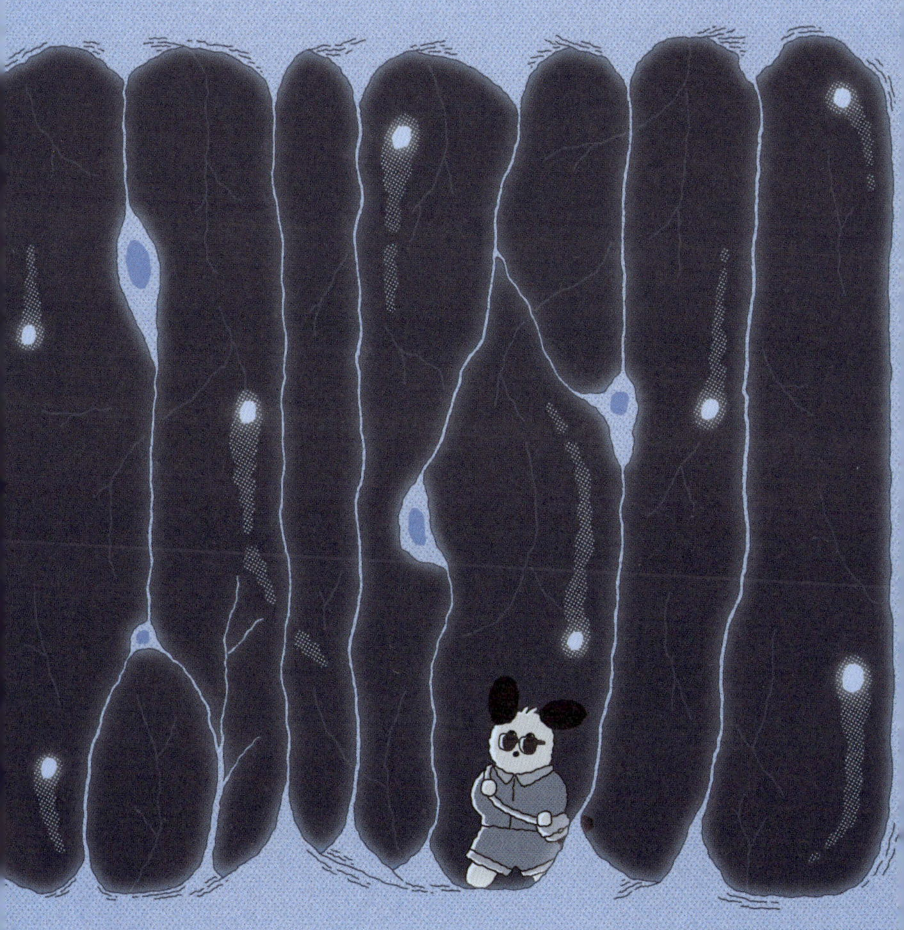

여긴 뇌의 한가운데야. 뇌의 모습이 커다란 호두알 같다는 말을 들어 봤어? 단단한 껍데기 안에 얇은 껍질에 싸인 알맹이가 들어 있는 호두의 모습이 우리의 뇌를 꼭 닮았거든. 우리 뇌도 단단한 머리뼈에 둘러싸여 있고, 호두 알맹이처럼 얇은 막까지 씌어 있어. 외부 구조뿐 아니라 뇌의 모습도 호두 알맹이와 매우 닮았어. 누군가 종이를 우그러뜨린 것처럼 엄청나게 굵은 주름이 져 있는 것도, 가운데를 중심으로 양쪽이 대칭적인 모양인 것도 비슷해. 우리 뇌가 호두보다 훨씬 더 복잡한 구조인 것은 당연하지만 말이야!

뇌는 아주 복잡해

그런데 뇌를 이해하려고 할 때 잊지 말아야 할 중요한 사실이 있어. 뇌에서 어떤 일이 일어날 때, 예를 들어 부정적인 감정을 느낄 때 특정한 한두 군데 영역만 관여하지 않는다는 사실이야. 우리는 특별히 가깝고, 강한 신호를 자주 주고받는 영역들만 살펴보는 중이라는 점을 잊지 마!

민지의 뇌를 다시 자세히 살펴보자. 두 개의 구조물 사이를 이어 주는 관이 매우 크고 신호도 강하게 흐르지만, 이 관 중간중간에 작은 관이 가지처럼 뻗어 나가는 걸 볼 수 있어. 우리 뇌는 정말 복잡한 기관이라 단순히 두 영역 사이만 연결되어 있지는 않아. 사실상 모든 영역이 크고 작은 관, 그러니까 신호 전달 경로를 통해 연결되어 있어. 두 영역이 직접 연결되어 있기도 하지만, 작은 관을 모두 따라가 보면, 멀리멀리 돌아가는 방법으로 뇌의 거의 모든 영역에 가닿을 수 있어. 어느 두 곳의 관계가 특별히 강할 수는 있지만 전혀 연결되어 있지 않은 곳은 없는 거야.

선조체와 해마

다시 민지의 뇌로 돌아가 보자. 아까 엄청난 신호가 흐르던 영역을 살펴볼 거야. 호두 알갱이는 한 개의 덩어리인데, 우리 뇌는 사실 딱 하나의 덩어리는 아냐. 겉에서 보이는 호두 알갱이처럼 주름진 덩어리가 있고, 그 안쪽에 추가적인 구조물이 있어. 지금 민지의 뇌에서 엄청난 신호가 흐르는 곳이 바로 이 안쪽이야. 정확히는 선조체(striatum)라는 곳과 해마(hippocampus)라는 곳 사이에 신호가 흘러.

선조체와 해마 모두 뇌의 안쪽에 있고, 대칭적으로 뇌의 양쪽에 모두 존재해. 잠깐, 이름이 조금 어렵다고? 선조체는 한자어

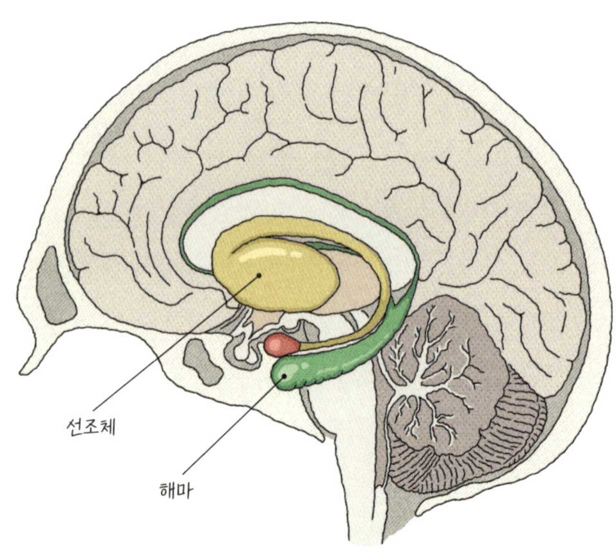

선조체(노란색 영역)와 해마(초록색 영역)

인데, 신경 세포 다발이 선처럼 길게 늘어서 있는 것이 마치 줄무늬 같아 '줄을 이룬 모양'이라는 뜻의 한자어 '선조(線條)'로 이름 지었어. '줄무늬체'라고도 불러. 영어 이름도 마찬가지로 줄무늬(stripe)라는 단어에서 유래한다고 해. 해마는 왜 해마냐고? 바다 생물 해마랑 그 생김새가 닮아서야! 절대 안 잊어버릴 것 같지?

선조체와 해마가 어떤 역할을 하길래 예민해진 민지의 뇌 속에서 이렇게 활발하게 신호를 주고받는 걸까? 선조체는 뇌에서 보상을 인식하고 학습하는 데 중요한 역할을 하는 곳이야. 여기서 학습이라는 건 우리가 수학을 공부할 때처럼 어떤 공식을 외우는 일이랑은 조금 달라. 보상, 그러니까 결과가 내게 좋은지 아닌지를 판단하고, 그 보상이 어떤 상황에서 어떤 원인에 의해 일어났는지 이해하는 걸 말해. 경험을 통해 배우는 거지. 이렇게 경험이 좋은지 나쁜지 판단하고, 그 원인이 무엇이었는지를 기억하는 건 해마의 역할이야. 해마는 뇌에서 기억을 저장하는 곳이거든.

지금 민지의 선조체는 정은이가 떠났다는 사실, 그리고 사람들이 정은이에 관해 너무 많이 물어보는 것을 모두 부정적인 자극으로 받아들여. 선조체가 정은이와 관련된 모든 자극을 다 부정적이고 나쁜 것으로 분류하는 거지. 그리고 그 모든 판단과 감정은 모두 해마로 전달돼. 해마는 민지가 느끼는 부정적인 감정과 경험을 오래 기억으로 저장하는 거야. 그런데 이런 부정적인 경험과 기억이 예민한 성격과 무슨 상관이 있는 걸까?

예민한 성격이 어떤 건데?

먼저 성격이 예민하다는 게 어떤 의미인지 살펴보는 것이 좋겠어. 예민하다, 신경질적이다, 민감하다. 모두 비슷한 성격적 특성을 표현하는 말이야. 같은 상황이나 자극이 주어졌을 때 다른 사람들에 비해 빠르게 반응하거나 영향을 크게 받는다면 예민한 성격이라고 말할 수 있어. 그리고 이런 예민한 성격은 부정적인 감정을 쉽게 느낄 뿐 아니라, 한번 부정적인 감정을 느끼면 그 감정이 오래 지속되는 경향도 있어.

우리 뇌는 외부 자극을 받아들이고 거기에 반응하면서 매 순간 학습해. 순간순간의 학습이 쌓인 결과, 모든 사람은 같은 상황에서도 서로 다른 반응을 보이게 되는데, 이게 바로 한 사람의 '성격' 특징이 되는 거야.

예민한 사람의 뇌는 부정적인 자극을 더 많이 학습했을 가능성이 커. 예민한 뇌의 해마에는 부정적인 감정과 연관된 기억이 많이 저장되어 있을 거야. 실제로 공포나 불안처럼 부정적인 자극을 학습할 때 예민한 사람들의 해마가 더 활성화되는 경향을 보였다는 연구도 있어. 예민한 성격은 부정적인 경험을 반복적으로 겪고, 그게 장기 기억으로 많이 저장된 결과 만들어진다고 볼 수 있어. 이렇게 부정적인 학습이 지속된다는 사실을 깨닫지 못하거나, 깨닫더라도 내버려두면 예민한 성격적인 특징은 당연히 더 강해질 거야.

정은이가 떠난 게 최근에 일어난 변화이다 보니 민지에게 많은 사람이 정은이 이야기를 물어보는 것 같아. 그리고 이건 민지에게 반복적으로 부정적인 자극이 됐을 거야. 민지의 뇌에서 이렇게 부정적인 자극이 강하게 반복해서 학습되면서 지금 민지의 뇌가 예민하게 변하는 것 같아. 정은이 이야기를 들을 때마다 민지의 뇌 속에서 선조체와 해마 사이에 엄청난 신호가 흐르잖아? 민지를 이대로 내버려두면, 앞으로 민지의 뇌는 단순히 정은이 이야기뿐 아니라 다른 부정적인 자극을 받을 때도 다른 사람들보다 훨씬 쉽게 그리고 강하게 반응할 거야. 계속해서 강도 높은 신호가 전달되면 해마에 부정적인 자극이 깊게 기억될 거고, 이건 민지가 부정적인 자극에 큰 의미를 부여한다는 뜻이니까.

뇌가 조심스러워지면

예민하게 변해버린 뇌는 외부 자극을 부정적이라고 판단하고 나면, 그 자극의 세기가 약하더라도 다른 긍정적인 자극들에 비해 더 오래 느끼고 강하게 기억해 두려고 해. 함부로 새로운 도전을 하려고 하지 않거나 과거에 조금이라도 내게 위해가 됐던 일은 웬만하면 반복하지 않으려는, 자기 자신을 지키려는 방어적인 태도가 생긴 거라고 볼 수 있어. 또 예민한 성격인 사람은, 뇌가 학습하는 데 좀 더 조심스러운 편이라고 말할 수도 있지.

어떻게 보면 뇌가 겁쟁이 같다고 생각할 수도 있겠어. 하지만 예민한 성격은 사실 강점이 있어. 새로운 일이 있으면 호기심이 앞서 직접 겪어 보려고 하기보다, 아직 알 수 없는 위험한 상황을 예상하고 주의하면서 멀리서 먼저 살펴보기를 선호하는 태도 덕분이야. 예민한 성격인 사람들은 위험한 상황을 맞닥뜨리기 전에 항상 대비하는 자세를 취하는, 조심성 있고 미래를 미리 준비하는 성격이라고 볼 수도 있어. 또한 감정을 좀 더 섬세하게 느끼기도 하지.

하지만 새로운 것을 웬만하면 다 피하려고 하고, 무엇이든 걱정되는 점을 먼저 찾기만 한다면 예민한 성격이 가진 강점이나 장점이 발휘될 기회를 놓칠 수 있어. 머리로 충분히 상상하고 위험에 대비하는 일이 중요하긴 하지만, 직접 겪어 보지 않으면 어떤 일이 일어날지 알 수 없고 새로운 상황을 학습하는 게 더뎌질 수도 있으니까.

내가 예민한 성격이라는 생각이 들면, 가끔은 '이 정도는 괜찮아'라고 가볍게 생각하거나 새로운 것에 한번 과감하게 도전해 보는 것도 좋을 거야. 한쪽으로만 치우치지 않는 성격과 태도를 지니려고 노력하는 게 중요하다는 걸 잊지 마.

사춘기와 예민함

정은이가 떠난 뒤 민지의 하루하루를 살펴보니 단지 사춘기라 예민한 것만은 아닌 것 같아. 그러면 사춘기가 됐을 때 성격이 예민해진다는 건 거짓말이냐고? 음, 거짓말일 수도, 아닐 수도 있어.

민지처럼 오래 사귄 친구가 갑자기 떠나는 것 같은 큰 변화는 모두에게 일상적으로 일어나는 일은 아니야. 하지만 사춘기, 즉 청소년기의 특징 중 하나가 바로 삶에 큰 변화가 많이 일어난다는 점이지. 청소년기는 새로운 환경과 자극에 갑작스럽게, 많이 노출되는 시기야. 2차 성징으로 신체적으로도 큰 변화를 겪는 것은 물론이고 학교에서 배우는 것도 많아지고 어려워지면서 뇌가 받아들이고 처리해야 하는 정보도 늘어나. 예상할 수 없는 변화가 많은 시기라 두렵고 무서운 감정을 자주 느끼고, 부정적인 기억이 형성되기도 쉽지. 그러다 보니 사춘기 때 예민한 성격의 특성이 나타나기 쉽지만, 누구나 이런 특성이 보이는 것이 아닐뿐더러, 이런 변화가 일시적일지 장기적으로 이어질지는 사람마다 달라. 사춘기의 청소년들은 누구나 민지만큼 큰 스트레스 받을 일이 많을 거야. 그래서 사춘기가 되면 예민하다는 말은 맞기도 하고 틀리기도 해.

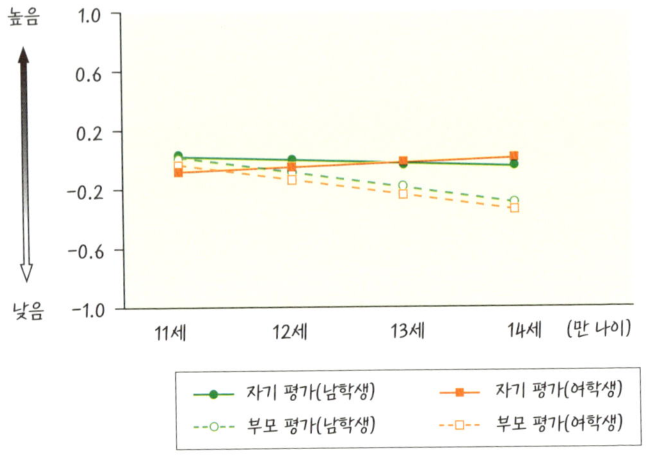

독일 학생들에게 3년간 자기 평가 및 부모 평가를 통해 신경질적인 정도를 확인했더니 두 값에 다소 차이가 있었다.[1] 자기 평가에서는 시간이 지나도 그 점수가 비슷하게 나타났고, 부모 평가에서는 신경질적인 정도가 점점 덜한 것으로 나타났다. 즉, 청소년기의 특성상 신경질적인 반응이 보일 가능성이 높은 것일 뿐, 실제로 청소년기(사춘기)에 신경질적으로 성격이 변화한다고 보기는 어렵다.

무엇보다 청소년기일수록 뇌가 예민해지는 정도가 달라지는지에 관한 명확한 과학적 증거는 아직 없어. 몇몇 나라에서 청소년들을 대상으로 설문 조사를 해 성격이 어떻게 변하는지 확인해 봤는데 나라마다, 연구마다 결과가 너무 달랐어. 성격은 여러 가지 환경적 요인, 개인 차가 다양하게 반영되는 것일 뿐, 꼭 청소

년기에 사춘기가 오고, 사춘기가 오면 성격이 예민해지는 거라고
보긴 어려워.

2. 노래 부르기를 멈출 수 없어!

강박

와, 드디어 시험이 끝났다! 시험 기간 내내 꽂혀 있던 게 있다. 바로 라면 광고에 나오는 노래다. 밥을 먹다 갑자기 노랫가락이 떠오르기도 하고 친구와 이야기하다가도 불현듯 머릿속에서 노래가 재생되기도 했다. 라면이 먹고 싶은 순간도 아니었는데 말이다. 심지어 그 노래를 부른 가수가 누군지도 모른다. 이 노래를 처음 들은 게 언젠지도 모르겠다.

사실 처음에는 재밌다고 여기고 노래가 떠오를 때마다 흥얼대며 다녔다. 그랬더니 시험 기간이 되어도 머릿속에서 노래가 멈추질 않았다! 마치 징크스처럼 문제를 하나 풀 때마다 노래를 한 소절 흥얼거리지 않고는 집중할 수가 없었다. 시험 기간을 겨우 보내고 나니, 라면 노래가 내 마음대로 멈출 수도 없이 떠오르는 게 슬슬 걱정되려고 한다.

시험이 끝나고 슬기랑 편의점에 갔다가 그 라면을 딱! 마주쳤다. 먹기도 전인데 질린 것 같은 기분이 들었다. 그 노래를 슬기한테 들려줬는데, 슬기도 비슷한 경험이 있다고 했다. 자기는 색이 다른 보도

블록이 있으면 다른 색을 꼭 번갈아 밟아야만 갈 수 있다고, 평소에
는 그냥 다니기도 하는데 꼭 시험 기간만 가까워지면 보도블록 위를
폴짝폴짝 뛰어다닌다고 했다. 그런데 사실 나처럼 걱정하거나 불편
해하는 것 같진 않아 별로 위로는 안 됐다. 시험공부하기 싫으니까
이상한 데 주의가 집중되는 것 아니겠냐며 태연히 웃기까지 했다.
슬기 말을 듣고 나니 그런가, 별거 아닌가 싶지만 갑작스럽게 생긴
집착이 잘 이해되지 않고 조금 걱정된다.

와, 최선을 다해 집중해도 부족할 시험 기간인데 머릿속에서 내내
라면 광고 노래가 나온다니 생각만 해도 골치가 아프다. 영지는 어
떻게 그걸 다 버텼을까? 영지에게 태연하게 웃으면서 괜찮다고 말한
친구는 더 대단한 것 같아. 이렇게 걱정하고 불안해하는 영지가 유
난스러운 걸까? 아니면 영지의 친구 슬기가 아주 특별히 대단한 걸
까? 결론이 다소 싱겁지만, 이렇게 불안해하는 것도 정상, 아무렇지
않은 것도 정상이야. 다만 뇌가 조금 다르게 작동할 뿐이지.

멈출 수 없는 생각, 강박이 뭘까?

강박은 어떤 생각이나 감정에 사로잡혀 심한 압박을 느끼거나 그 압박감을 해소하고자 특정 행동을 반복하지 않을 수 없는 상태를 말해. 강박이 있으면 갑작스럽게 특정한 행동이나 생각을 멈출 수 없게 되지. 그 행동이나 생각을 얼마나 자주, 심하게 하느냐도 마음대로 되지 않고 말이야.

영지와 슬기처럼 특별한 이유 없이 어떤 행동이나 생각을 반복적으로 할 때, 그 행동 또는 생각에 '강박을 보인다'라고 할 수 있어. 무의식적으로 일어난다는 점, 그리고 이유나 목적 없이 반쯤 자동으로 반복한다는 점에서 습관과 강박이 비슷하게 느껴지기도 하지? 하지만 습관과 강박은 달라. 습관은 특정한 상황에 놓이거나 외부에서 특정한 자극이 주어졌을 때 따라 나오는 반응을 가리켜. 그 행동을 한다는 사실을 인지할 뿐 아니라 그 행동을 하는 이유도 대부분 명확해. 무엇보다 습관은 스스로 원해서 의도적으로 강화한 행동이라는 점에서 강박과 달라.

반면 강박은 갑자기 떠오르는 생각이나 행동을 유발한 원인이 없다는 게 가장 큰 특징이야. 외부 자극이 없는데 불쑥 어떤 행동이나 생각을 하게 되는 거지. 심지어 그건 지금 하던 일, 처한 환경이나 상황과도 전혀 상관없을 때가 대부분이야. 내가 떠올린 생각이고, 내가 한 행동인데 그 생각이나 행동이 왜 나타난 것인지를 의식적으로 이해할 수 없고, 예측할 수 없이 갑자기 나타나니 의지로 참는 것도 거의 불가능하지.

강박은 왜 생기는 걸까?

강박은 누구에게나 불쑥 나타날 수 있어. 강박을 느끼는 상황이나 대상도 다양하고, 강박을 느끼는 정도도 사람마다 매우 달라. 다른 성격적 특성과 마찬가지로 강박적인 태도도 뇌가 발달하고 학습하는 과정에서 나타날 수 있어. 성격적 특성의 하나이므로 당연히 주의를 기울이고 도움을 받으면 어느 정도 조절하는 것도 가능하긴 해.

강박을 만드는 건 우리 자신의 뇌야. 우리는 뇌가 하는 일을 100퍼센트 의지만으로 조절하지는 않아. 그런데 의지에 따라 작동해야 하는 영역의 활동이 어떤 이유에서건 조절하기가 어려워질 수 있어. 그러면 내가 의도하지 않았고 외부에서 아무 자극도 주어지지 않았는데 마치 자극이 주어진 것처럼 뇌가 먼저 반응을 일으키기도 해. 이때 강박적인 행동이 나타나는 거야. 뇌는 여전히 내 몸의 일부인데, 불쑥 나와 분리된 의지인 것처럼 어떤 생각이 끊임없이 떠오르거나 어떤 행동을 하지 않고는 못 배기게 되는 거지.

강박을 느끼는 뇌는 뭐가 다를까? 갑작스러운 생각이나 행동이 나타날 때 뇌에서 어떤 일이 일어나는지 볼 수 있다면 왜 그런 생각이나 행동이 나타나는지, 강박을 어떻게 조절하는지 실마리를 찾을 수 있지 않을까?

뇌가 움직이는 방식, 전기 신호

달리기를 할 때는 무릎 관절과 다리 근육이 활발히 움직이고, 피아노를 칠 때는 손가락이, 그리고 날아가는 공을 바라볼 때는 눈이 그 공을 따라 움직이지? 어떤 활동을 할 때 몸의 어느 부분이 활성화되는지는 겉으로 보이는 움직임을 관찰하면 알 수 있어. 뇌는 단단한 머리뼈에 둘러싸여 있어 그 모습을 볼 수가 없는데, 뇌가 언제 어떻게 활성화되는지 보려면 어떻게 해야 할까?

머리뼈를 투과해 볼 수 있는 장치가 있다면 실시간으로 뇌가 움직이는 걸 확인할 수 있지 않을까? 엑스레이를 찍어 갈비뼈로 단단히 감싸인 폐를 살펴보는 것처럼 말이야. 하지만 이런 장치가 있다 하더라도 문제가 있어. 뇌는 물리적인 움직임을 통해 작동하는 기관이 아니라는 점이야. 두껍고 단단한 머리뼈를 투시해 관찰한다고 하더라도, 뇌는 아무 움직임 없이 가만히 있으니 어떤 활동을 하는지 알 길이 없어.

뇌는 물리적인 움직임으로 역할을 하는 근육이 아니라 신경 세포 수억 개로 구성되어 있어. 신경 세포는 겉으로 드러나는 움직임이 없는 대신, 전기 신호를 활발하게 주고받으면서 쉬지 않고 일해. 그럼 이 전기 신호의 변화를 확인해야 하는데 이걸 어떻게 볼 수 있을까?

글루타메이트와 가바

스마트폰 충전기를 떠올려 보자. 충전기는 전선을 통해 전하 입자가 흘러 전기 에너지를 공급하면서 작동하지. 전선이 끊어지면 전하가 흐를 길이 없어 전기 에너지는 전달되지 않을 거야. 또 정전이 돼 전선에 전하가 흐르지 않아도 충전은 되지 않겠지. 충전기가 제대로 작동하는 데 가장 중요한 역할은 '전기 에너지'를 전달하는 '전하' 입자가 하는 거야.

뇌 역시 전기 신호를 주고받아 일을 한다고 했으니, 전하 입자와 같은 역할을 누군가가 해 줘야 해. 뇌에서 신호를 전달하는 역할은 주로 글루타메이트(glutamate)와 가바(GABA)라는 두 개의 신경 전달 물질이 해. 뇌를 구성하는 신경 세포는 그 종류가 매우 다양한데, 글루타메이트에 반응하느냐, 가바에 반응하느냐에 따라 글루타메이트성 신경 세포와 가바성 신경 세포로 크게 나눌 수 있어.

이 두 물질은 상반되는 역할을 해. 글루타메이트는 신경 세포를 더욱 활성화해. 글루타메이트의 양이 많아지고 글루타메이트성 신경 세포의 활성이 높아지면, 그 영역의 뇌 활성이 높아지는데, 이건 그 영역의 기능이 강해진다는 의미야. 반대로 가바는 신경 세포의 활성을 억제하는 역할을 해. 글루타메이트가 불이 더 크고 환하게 타오르게 하는 산소나 나무 장작 같은 역할이라면, 가바는 불을 끄는 소화제 같은 역할을 하는 거야. 뇌에서 가바의 양이 많아지거나 가바성 신경 세포의 활성이 높아지면 그 영역의 활성이 낮아지고 그곳에서 하는 역할이 둔화돼.

뇌를 관찰하는 방법, MRI

이런 전기 신호가 얼마나 강하게 발생하는지 확인하려면 어떻게 해야 할까? 또 신호의 세기를 측정하는 것을 넘어 그 신호가 글루타메이트에 의한 것인지 가바에 의한 것인지 확인하려면 어떻게 해야 할까? 세포 단위까지 미세하게 확인하는 건 엄청나게 크게 확대할 수 있는 현미경이 아니라면 불가능할 거야.

스마트폰 충전기를 다시 생각해 보자. 요즘은 스마트폰에 충전기 코드를 꽂지 않은 상태에서 무선 충전이 가능하지? 전기가 흐르면 그 주위에 자기장이 형성되는 것을 이용하는 거야. 자기장은 주위의 전기 흐름에 영향을 주거든. 마찬가지로 뇌 속에서 발생하는 전기 흐름이 만들어 내는 자기장을 통해 뇌의 어느 영역이 얼마큼 활성화되는지, 즉 전기 신호가 얼마나 강하게 발생하는지를 확인해 보는 장치가 있어. 스마트폰 무선 충전기보다 훨씬 오래전에 만들어진 MRI라는 기계야. 아마도 이 이름을 병원에서 마주친 적이 있을지도 모르겠어.

MRI는 자기장의 세기를 측정해 거꾸로 그 자기장을 만들어 낸 전기 신호가 얼마나 센지 계산해. 뇌를 직접 들여다보거나 전기를 측정하지 않더라도 MRI를 이용하면 간접적으로 뇌에 흐르는 전기 신호의 세기를 알 수 있어. 뇌를 직접적으로 건드리지 않을 뿐만 아니라 검사를 받는 사람이 몸을 움직이거나 어떤 생각을 할 때 실시간으로 그에 따른 뇌의 활성, 그러니까 전기 신호의 세기를 측정할 수도 있어. 특별히 이렇게 실시간으로 활성을 측정해 어떤 기능과 뇌 활성의 변화를 연관 짓는 데는 기능성 MRI(functional MRI, fMRI)를 이용해.

어떤 행동이나 생각을 할 때마다 fMRI 촬영을 하면 뇌의 모든 기능을 쉽게 알아낼 수 있을 것 같은데, 왜 우리는 아직도 뇌를 잘 이해하지 못할까? fMRI가 도입된 지도 이미 수십 년이 지났으니 fMRI를 찍고 그 결과를 해석하는 데 시간이 오래 걸려서는 아닐 거야. 바로 뇌, 그리고 우리 인간이 너무나도 복잡하기 때문이야. 뇌의 각 영역은 한 곳이 한 가지 역할에만 관여하지 않거든. 실제로 사람의 성격이나 행동은 대부분 여러 가지 특성이 조합된 결과로 나타나는 것이라 아무리 특징적으로 보이는 행동이나 생각을 할 때라도 활성을 보이는 뇌 영역은 한두 곳이 아니야.

강박을 유발하는 데도 뇌의 수많은 영역이 관여해. 그중 우리는 전전두피질(prefrontal cortex, PFC)에 대해 좀 더 알아볼 거야.

전전두피질이 익숙함에 길들여지면

전전두피질은 이마 쪽이라고 볼 수 있는 뇌의 앞면으로, 꽤 넓은 영역을 차지해. 영역이 넓은 만큼 세부적으로 조금씩 다른 역할을 하는데, 전체적으로 어떤 행동에 따른 결과를 평가해 배우고 의사 결정을 내리는 데 중요한 역할을 해. 특히 강박적인 행동과 충동적인 의사 결정에 많이 관여한다고 알려져 있어.

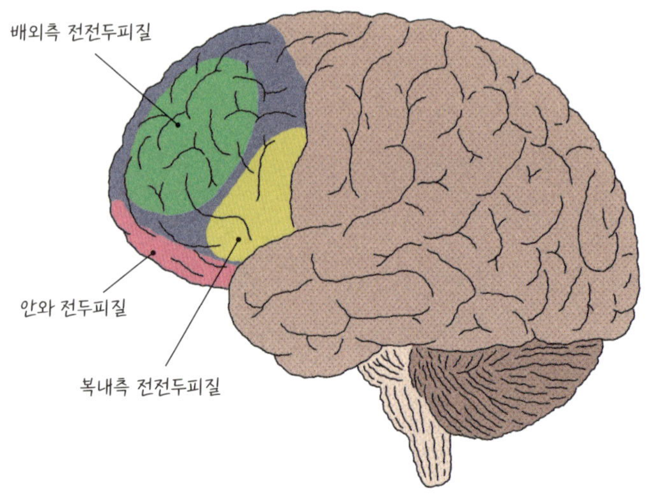

뇌의 앞쪽에 있는 전전두피질(보라색 부분)과 그 세부 영역

앞에서도 이야기했듯이, 전전두피질은 그 범위가 굉장히 넓어서, 세부 영역별로 그 역할이 조금씩 달라. 강박 행동에 관여할 때도 전전두피질 중 어느 부분은 활성이 높아지기도 하고 어느 부분은 활성이 낮아지기도 해. 연구 결과도 매우 다양하고 복잡해서 모든 경우를 알아보고 이해하기는 조금 어려워. 우리는 비교적 그 기능이 분명하게 구분되는 전전두피질 영역 일부와 강박적인 행동이 어떻게 연관되어 있는지 알아볼 거야.

전전두피질의 한 영역인 배외측 전전두피질(dorsolateral PFC)은 다음에 어떤 결정을 내릴까 미리 계획을 세우는 역할을 해. 다음 결정을 어떻게 할지는 어떤 방식으로 정할까? 이전의 경험을 분석하고, 그 결과에서 새로운 사실을 배워 기존에 알던 내용을 수정해야겠지. 이전의 결정이 좋았다면 같은 결정을 반복하도록 강화하고, 별로였다면 다음엔 하지 않게끔 학습한 내용을 수정하는 거지. 이렇게 이미 머리에 저장된 학습 내용을 업데이트하는 것이 전전두피질이 맡은 중요한 역할이야.

그런데 강박이 심할수록 전전두피질에서 계획을 세우는 영역의 활성이 대체로 떨어지는 것으로 나타났어. 그리고 이 영역의 활성이 떨어지는 사람은 목표 지향적인 행동이나 선택을 잘 하지 않는 경우가 많았어. 계획을 세우고

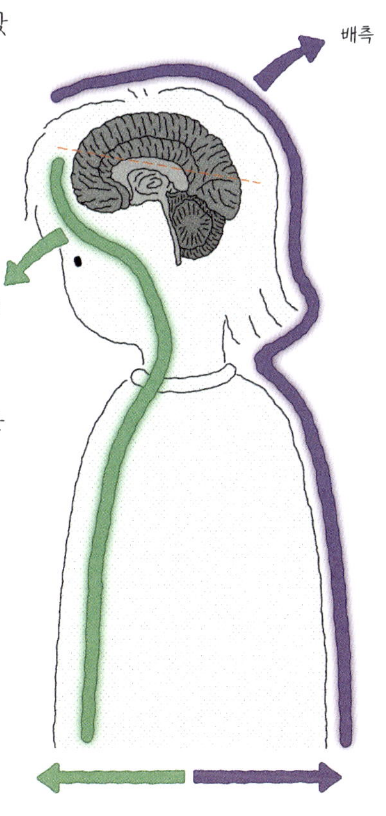

우리 몸의 앞쪽, 즉 배가 있는 쪽을 복측(腹側), 몸의 뒤편, 즉 등이 있는 쪽을 배측(背側)이라고 부른다.

그에 따라 움직이기보다 지금 당장의 충동이나 강박에 따라 행동하거나 과거에 했던 행동을 단순히 반복하기만 한 거야. 이런 행동의 정도를 확인할 수 있는 게임이 있는데 잠깐 살펴보자.

런던탑 게임이라는 건데, 이 게임을 해 보면 전전두피질의 활성이 떨어지는 사람이 새로운 학습을 얼마나 하기 힘들어하고, 기존의 행동에만 매달리게 되는지를 볼 수 있어. 강박이 심한 사람일수록 런던탑 게임을 끝내는 데 더 오랜 시간이 걸려. 한 번 블록을 옮겼을 때 잘못된 걸 알았다면, 같은 이동은 그만해야 하는데, 자꾸 같은 이동만 반복해서 그래.

강박이 심한 사람도 이 사실을 말로 하면 충분히 이해해. 그러나 전전두피질의 활성이 떨어져 있는 강박적인 사람의 뇌는 위험을 무릅쓰고 새로운 선택을 해서 더 큰 보상에 도전하기에는 두려움을 너무 크게 느껴. 보상이 없더라도 한번 해 봤던 선택을 반복하는 걸 더 편하게 느끼기 때문에 아무리 말로 설명할 때 잘 이해했어도 막상 게임에 들어가면 또다시 틀린 이동을 반복하는 모습을 보여. 결국 이 게임을 끝내기까지 엄청 오래 걸리지.

전전두피질이 맡는 기능, 즉 기존의 경험을 수정해 새로운 학습을 하는 기능이 떨어지면 새로운 자극이 주어져도 그것을 받아들이기 어려워져. 어떤 선택을 했을 때 더 좋은 보상이 주어진다고 그 선택이 강화되지도 않고, 나쁜 일이 일어난다고 그 선택을

런던탑 게임(Tower of London test). 이 게임은 서로 다른 색깔의 블록이 세 개의 막대에 무작위로 놓여 있을 때 한 번에 하나씩, 맨 위에 있는 블록만을 움직여 목표로 한 상태로 배치하는 게임이다. 짧은 시간에 적은 횟수의 이동으로 목표한 배치를 만들어 내야 한다.

피하지도 않게 되지. 단순히 내가 알고 이미 경험했던 결과가 나오는, 기존의 행동만을 반복하려고 하는데, 이게 바로 강박이야.

안와 전두피질, 안전한 게 최고야!

전전두피질 영역 중 안와 전두피질(olfactory frontal cortex)은 눈과 코 바로 뒤에 있어. 강박적인 태도가 심할수록 안와 전두피질에서 글루타메이트성 신경 세포의 수가 적은 경향이 있다고 해. 반대 역할을 하는 가바성 신경 세포가 평균보다 많지는 않았지만, 글루타메이트를 통한 신호 전달이 적게 일어나면서 전반적으로 활성이 많이 떨어지는 것으로 나타났다는 연구 결과가 있어.

안와 전두피질의 중요한 역할 중 하나는 두 가지 이상의 선택지가 있을 때 과거의 경험을 기반으로 선택의 결과를 예측하고 의사 결정을 내리는 거야. 이 영역의 활성이 떨어지면 여러 가지 선택지가 있을 때 그 선택지들을 서로 비교하기 어려워져. 각각을 선택했을 때 어떤 결과가 나올지, 그것이 이익이 될지 손해가 될지 잘 판단하고 골라야 하는데, 비교가 어렵다면 아마도 과거의 경험을 기반으로 선택하는 게 최선이겠지? 어떤 결과가 나올지 모르는 상황에서는 좋든 나쁘든 아는 것을 고르는 게 덜 불안하고 그나마 안전할 테니까 말이야. 그래서 안와 전두피질의 활성이 낮은 사람은 현재 상황을 충분히 판단하기보다 과거에 했던 선택을 또 할 가능성이 높아져.

선택의 결과를 잘 평가할 수만 있다면 무조건 이전과 동일한 선택을 하지도, 그렇게 하는 게 안전하다고 느끼지도 않을 것 같아. 그런데 이렇게 새로운 내용을 배우고 기존에 알던 내용을 수정하는 데는 안와 전두피질의 역할이 꼭 필요해. 활성이 낮은 안와 전두피질은 선택한 결과가 좋은 것인지 나쁜 것인지 잘 판단하지 못해. 만약 결과가 좋지 않았다면 방금 내린 선택은 좋지 않았으니 다음엔 하지 않는 방향으로 수정하는 학습을 해야 하는데, 새로운 결과를 평가하지도 배우지도 못할 뿐 아니라 기존의 정보를 수정하는 능력도 떨어지는 거야. 그러면 앞으로 어떤 상황에 놓이든 같은 선택만 하는 방향으로 뇌는 점점 고착화되겠지.

강박적인 성격은 장점이 되기도 해

강박은 뇌가 한 가지에만 지나치게 몰두하고 변화를 받아들이지 않을 때 나타난다는 걸 알았어. 강박이 심하면 새로운 것을 잘 배우지도 못하고, 기존의 행동을 바꾸지도 않으려고 하니 안 좋은 게 분명해 보여. 그런데 영지의 친구 슬기가 굉장히 태연했던 걸 떠올려 보자. 강박이 나쁘기만 한 거라면 강박이 조금이라도 나타났을 때 무조건 고쳐야 하지 않을까? 사실 그렇지만은 않아. 강박적인 성격은 오히려 긍정적인 효과를 가져다주기도 해.

좋은 성격이라고 여겨지는, 모든 일에 꼼꼼하고 규칙을 잘 지키는 성격은 어느 정도 강박적인 태도와 연관되어 있어. 실제로 완벽주의자라고 불리는 사람 대부분이 강박적인 특성을 지니는 것으로 알려져 있기도 해. 완벽주의자들의 특징을 떠올려 보자. 한 가지를 하더라도 완벽하다고 생각될 때까지 다른 사람에 비해 몇 배의 시간과 노력을 들이지. 적당히 끝내도 될 것 같은 일에도 지나치게 몰두하는 것처럼 보일 때도 있고 말이야.

이 사람들은 매우 강한 끈기와 높은 집중력으로 맡은 일에 책임감 있게 임하는 성격인 거야. 그리고 도덕이나 규칙을 지키려는 경향도 굉장히 강해. 이런 성격이나 태도는 변화를 싫어하고 융통성이 없는 것처럼 보이기도 하지만, 다른 사람에게 피해를 주지만 않는다면 일반적으로 좋게 여겨지는 성격이지. 변화를 싫어하고, 기존의 행동을 반복하며, 하나에만 몰두한다. 놀랍게도 우리가 계속 이야기했던 강박적인 성격의 특징 그 자체지?

그런데 한번 내린 선택은 어떤 이유가 있어도 바꾸지 않고 계속 고집하는 친구가 있다면 어떻게 느껴질 것 같아? 상황에 맞춰 선택과 주의를 바꾸는 것은 환경에 잘 적응하고 다른 사람과 잘 어울리는 데 필요한 능력이야. 다른 사람의 의견이나 환경 변화를 받아들이지 않는 고집스러운 태도가 심해지면, 주위를 넓게 관찰하는 능력도 잃어버리고 생각하고 감각하는 폭이 좁아지고 말 거야. 결국에는 자기만의 세계, 아집에 사로잡히겠지? 이건 좀 슬프지 않아?

우리 뇌는 새로운 사실을 끊임없이 받아들이며 배우고 변화하는 매우 신기하고 멋진 기관이야. 뇌가 충분히 제 역할을 다할 수 있게 주위의 새로운 것을 열린 마음으로 받아들이려고 한다면, 강박이 쉽게 찾아오기는 어려울 거야. 그리고 자신에게 강박적인 태도가 생기는지, 성격은 어떠한지 항상 관심을 기울이는 것도 중요하겠어. 자신이 강박을 느낀다는 걸 알고 이런 성격이 긍정적인 방향으로 나타나게 노력한다면 오히려 꼼꼼하고 도덕적인, 좋은 성격이 될 거야.

3. 외향인과 내향인은
뇌 구조부터 다르다?

어릴 때는 내 성격이나 모습이 어떤지 별로 관심이 없었는데, 요즘은 그렇지 않다. 내 성격이나 취향에 관심을 기울이게 됐고, 친구도 나랑 성격이 잘 맞는지 생각하게 됐다. 나만 그런 게 아니라 친구 대부분이 그렇다. 그래서 친구들이랑 놀 때 성격 심리 테스트 같은 걸 많이 해 보는데 엄청 재밌다.

그러던 중에 학교에서 단체로 성격 검사를 하게 됐다. 전문적인 검사니까 내 성격을 제대로 파악할 수 있을 것 같아 기대 만발이었다. 검사 결과, 나는 매우 내향적인 성격이라고 나왔다. 친구들도 내 결과가 평소 내 모습과 완전히 똑같다고 했다. 이 결과지에 성격 특성이 말로 자세히 써 있는 게 좋았다. 여기 결과지를 붙여 둔다.

"새로운 사람을 좋아함. 사람들과 만나고 어울리는 것을 좋아함. 이야기하는 것을 좋아함. 긍정적인 표현을 많이 함. 보상에 예민하게 반응함. 행동이 전반적으로 큼. 감정 표현이 풍부함."

좀 이상할 거다. 맞다. 이건 내 결과지가 아니라 영지의 결과지다. 영지가 아무렇게나 재활용함에 버렸길래 주워 왔다. 솔직히 예상 못한 건 아니었는데, 영지는 나와 정반대 성격이 나왔다. 그런데 긍정적인 자극에 예민하다거나 새로운 사람과 잘 어울리는 면은 사실 내가 영지를 보며 부러워하는 부분이다. 사춘기를 지나면서 뇌와 성격이 계속 발달하고 변화한다고 해서, 성격을 조금은 바꿔 보고 싶어 영지의 결과지를 붙였다. 신경 쓰면서 행동하고 말하다 보면 나중에 검사했을 때는 성격이 조금 달라지지 않을까?

우와, 민지가 단순히 성격 검사를 하기만 한 게 아니라 검사 결과를 통해 자기 성격을 엄청 깊이 생각했네. 성격 검사는 나를 좀 더 자세히 알 수 있는 간편한 도구 중 하나야. 하지만 자기가 자신을 판단하는 거라 결과가 주관적으로 나올 가능성이 높기도 하고, 자칫하면 성격을 단순하고 이분법적으로 나누어 생각하게 만들 수도 있어. 검사하고 결과를 확인하는 것만큼이나 결과를 비판적으로 받아들이고, 발전에 유용하게 활용하려는 노력이 매우 중요하지. 민지처럼 말이야.

그건 그렇고, 민지와 영지의 결과를 보니 아주 대조적이네. 민지는 내향적이고, 영지는 외향적인 성격이야. 외향적인 성격과 내향적인 성격을 가진 사람의 뇌는 어떻게 다를지 한번 살펴볼까?

외향성 대 내향성

성격에는 매우 다양한 특성이 있고, 심리 검사로 성격을 구분할 때도 어떤 성격에 집중하는지는 검사마다 차이가 있어. 그중 대부분의 성격 검사에서 구분하는 성격 특성이면서 일상에서 성격을 이야기할 때 가장 많이 언급되는 특성이 있다면 아마 외향성과 내향성일 것 같아. 외향성과 내향성은 다른 성격 특성에 비해 겉으로 드러나는 행동에 의해서도 쉽게 구분되는, 굉장히 뚜렷한 특징이 있기 때문이야.

대표적인 성격 특성 다섯 가지를 기준으로 한 사람의 성향을 파악하는 빅 파이브(Big 5)는 물론, 사람의 성격을 총 열여섯 가지로 나누어 설명하는 MBTI도 외향성과 내향성을 뚜렷하게 구분해. 하지만 외향성과 내향성도 더 세분해 살펴볼 수 있고, 이 특성이 성격을 이루는 다양한 요소 중에서 가장 중요한 건 아니야. 특성이 겉으로 좀 더 잘 드러나서 분명하고 쉽게 구분될 뿐이라는 걸 염두에 두면서, 외향성과 내향성에 관해 좀 더 알아보자.

감정의 컨트롤 타워, 측두엽

뇌는 신경 세포들이 전기 신호를 주고받으며 작동한다고 했지? 신경 세포가 활발히 활동하려면 에너지가 많이 필요하고, 에너지로 쓸 영양분과 산소는 온몸을 흐르는 혈액이 가져다줘. 뇌의 특정 영역이 활성화되면 우리 몸은 그쪽으로 혈액을 더 많이 보내 혈류량을 늘려. 그럼 뇌의 어떤 영역이 혈류량이 많은지를 확인하면 어느 영역이 더 많이 활동하는지 알 수 있겠지? 이 방법을 통해 외향적인 사람과 내향적인 사람의 뇌를 관찰해 봤더니, 내향적인 사람일수록 측두엽의 뇌 혈류량이 많았고, 이건 좌뇌와 우뇌에서 모두 그랬대.

측두엽은 피질과 변연계와 긴밀하게 연결되어 있어. 특히 변연계에 속한 해마랑 편도체와 서로 신호를 아주 많이 주고받아. (변연계가 무엇인지는 6장에서 자세히 알아보자.) 측두엽 중에서도 앞쪽 부분은 공포라는 감정을 만들어 내는 곳이기도 해. 이곳과 연결된 편도체가 공포를 느끼는 데 중요한 역할을 하거든. 측두엽의 피질(겉 부분)에 손상을 입은 사람은 감정을 느끼는 정도나 감정적인 반응을 나타내는 정도가 훨씬 약해지는 경향을 보였다고 해. 특히 공포와 관련된 반응이 별로 나타나지 않았고, 겁 없이 새로운 것을 탐구하려는 행동이 크게 증가하기도 했대. 실제로 내향적인 사람이

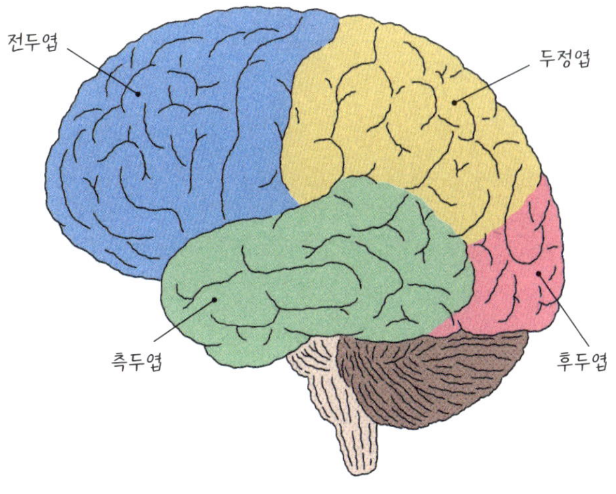

뇌의 앞부분인 전두엽과 옆부분인 측두엽

외향적인 사람에 비해 같은 상황에서 불안이나 무서움, 겁을 더 잘 느끼는 이유는 이런 뇌의 차이와도 연관이 있을 것 같아.

또 일부 유인원을 대상으로 측두엽을 직접 자극했더니 행동을 즉각 멈추거나 망설이는 것 같은 억제 작용이 관찰됐어. 측두엽의 활성 정도가 높을수록 행동을 억제하고 참는 경향이 더 커진다는 걸 알 수 있어.

뇌에 새겨진 참을 인, 전두엽

전두엽은 외부에서 들어오는 다양한 종류의 자극을 이해하고 처리하는 데 중요한 역할을 해. '자극을 이해하고 처리한다'라고만 해도 엄청 다양한 세부 능력이 필요할 것 같지? 실제로 '전두엽'이라고 하면, 커다란 뇌의 앞부분 전체를 통틀어 가리켜. 전두엽의 작은 영역들을 세부적으로 살펴보면 각각이 서로 다른 구체적인 역할을 다양하게 맡아 수행해. 그중 외향적인 성격과 관련이 있다고 보이는 영역 중에 '내측전전두회'라는 곳이 있어. 이때, 좌뇌보다는 우뇌가 외향적인 성격과 더욱 관련이 있다고 해. 우뇌의 전두엽 중 내측전전두회 영역의 활성이 외향적인 사람일수록 더 낮게 나타났거든.

뇌의 영역 대부분이 그렇긴 하지만, 서로 다른 기능을 하는 뇌 영역이라고 해서 위나 폐 같은 독립된 기관처럼 주위의 다른 영역과 온전히 구분되지는 않아. 내측전전두회도 외향적인 성격을 나타내는 데에 중요한 영역이라고 알려져 있지만, 겉으로 보면 뇌의 어디에나 있는 커다란 주름 중 하나로 보일 뿐이야. 바로 옆에 있는 다른 주름과 구분하기가 거의 불가능하지. 하지만 MRI로 외향적인 사람의 뇌와 내향적인 사람의 뇌를 비교했을 때 이 내측전전두회라고 부르는 곳의 활성이 엄청 크게 차이가 났어.

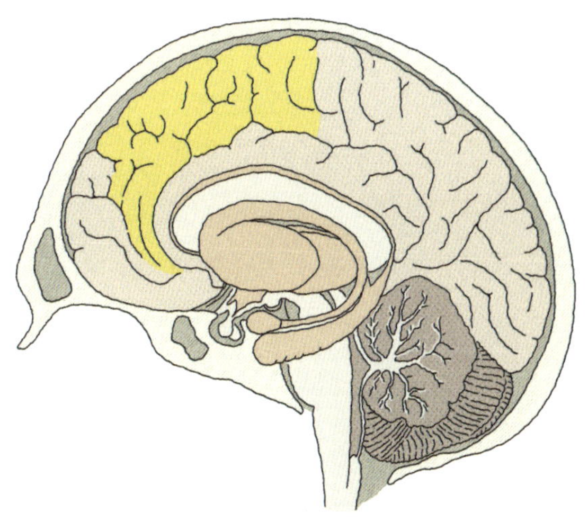

뇌 중앙 부분의 커다란 주름(노란색 영역)이 내측전전두회다.

내측전전두회 영역은 우리 뇌의 '참을 인(忍)' 영역이라고 할 수 있어. 갑작스러운 반응을 보이는 것, 즉 충동이 일어나는 것을 억제하는 역할을 하거든. 이 역할을 하는 데 중요한 우뇌의 내측전전두회가 외향적인 사람들에게서는 활성이 낮은 것에 더해 크기가 작기도 했대. 외향적인 성향의 사람들은 심사숙고한다거나 충동적인 행동을 참는 게 내향적인 사람에 비해 힘들다는 걸 생각해 보면 뇌의 차이가 어느 정도 당연하게 느껴지지?

전전두피질의 두께가 외향성을 결정한다?

한편 좌뇌 전전두피질의 특정 영역은 외향적인 사람일수록 혈류량이 많은 것으로 나타났어. 이 특정한 영역은 말하는 능력과 관련이 있는 '브로카 영역'이었어. 성격 검사에서 대개 외향적인 사람은 내향적인 사람보다 말을 더 많이 하는 편이라고 보는데, 혼자 있을 때도 머릿속에서 대화를 계속 떠올려서 이 영역이 활성화되는 것일 수도 있고, 아니면 이 영역이 늘 활성화되어 있어 언제든 말하는 것을 즐거워하고 잘하는 것일 수도 있어.

그리고 전전두피질 중앙 부분의 회백질 두께가 외향적인 사람에게서 더 두꺼운 것으로 관찰됐대. 그리고 어떤 이유에서든 이 영역의 회백질 두께가 이전보다 얇아진 사람들은 성격도 이전보다 더 내향적인 방향으로 변했어. 전전두피질의 중앙 부분은 감정과 관련된 정보를 처리하는 데 중요한 역할을 하는 것으로 알려져 있어. 사람의 표정을 읽는 데도 중요한 역할을 하지.

이곳은 편도체의 활성 정도를 조절하는 데에도 관여하는데, 주로 너무 과도하게 흥분하지 않게 조절하는 신호를 보내. 이것과 관련해서, 감정적으로 스트레스를 많이 받을 때 어떻게 헤쳐 나가야 할지를 결정하는 역할도 해. 예를 들어 스트레스가 심한 상황에서 주의를 다른 데로 돌린다거나 그 상황을 조금 다른 방향에서 살펴보는 등 환기를 할 수 있게 하는 거야. 감정적으로 안정된 상태를 유지할 수 있게 전반적인 조절을 하는 데 중요한 영역인 거지.

성인보다 청소년에게서 이 두께 차이가 더 두드러졌는데, 외향적인 성격일수록 전전두피질의 중앙 부분 부피도 더 컸어. 전전두피질의 중앙 부분과 바깥 부분은 외부의 자극, 특히 긍정적인 자극이나 사회적 보상과 관련된 자극을 인지하고 받아들이는 역할을 맡아. 전전두피질의 바깥 부분은 거기 더해 슬픈 감정을 억제하는 역할을 하기도 해. 외부의 자극에 민감하게 반응하면서 긍정적이고 사회적인 자극이라면 특히 더 많이 받아들이는 외향적인 성격의 특성을 보여 주지.

외향적인 사람은 전전두피질의 안쪽 영역(배내측)의 글루코스 대사량이 높게 나타난다는 연구 결과도 있어. 글루코스는 당의 한 종류로, 세포가 에너지로 쓰는 영양분이라고 볼 수 있어. 글루코스 대사량이 높다는 건 그 영역에서 에너지를 많이 소비한다, 그러니까 활성이 높다는 뜻이야.

재밌게도 전전두피질의 안쪽 부분은 안와 전두피질과 가까이 있는데, 두 영역은 사실 일부분이 겹쳐. 안와 전두피질은 충동적인 반응과 행동을 억제하는 데 굉장히 중요한 역할을 하는 걸로 유명해. 동기를 부여하거나 목적의식에 따라 행동할 때도 매우 활발히 반응하고, 화가 났을 때도 활성이 굉장히 높아져. 화가 났을 때, 목표를 향해 경주마처럼 달려갈 때, 모두 엄청난 에너지를 쓰고 필요한 행동만 하면서 나머지는 억제하는 참을성이 요구되는 상황이지? 주변에서 긍정적 강화가 있으면 이 영역이 점점 더 많이 반응하면서 목표를 향해 더 확실히 나아갈 수 있게 뇌를 집중시켜.

두께가 전부가 아니야!

그런데 어떤 연구에서는 내향적인 사람들의 전전두피질이 더 두껍게 확인됐대. 전전두피질과 그 안쪽을 모두 포함하는 전전두엽은 깊이 사고하고 의사 결정을 내리는 곳인데, 외향적인 사람들은 전전두피질이 얇아 심사숙고하기보다 결정을 좀 더 빨리 내리고 비교적 충동적인 선택을 할 때가 많았던 거야.

이러한 결과는 연구 방법에 따른 차이일 수도 있어. 단순히 두께가 두껍고 부피가 크다고 해서 그 영역이 곧장 활성이 높고, 더 활발하게 역할을 한다고 보기는 어려워. 신경 세포에 여러 종류가 있다는 점을 다시 떠올려 보자. 만약 부피가 엄청 크고 두께가 두꺼운 영역이 있는데, 막상 들여다봤더니 실제 중요한 신호를 전달하는 신경 세포가 아니라 신경 세포와 신경 세포 사이를 연결하는 교세포라든지 신경 세포를 둘러싼 겉 조직인 수초만 잔뜩 있다면 어떨까? 그럼 이곳은 실질적으로 주요한 역할을 많이 해 부피가 크고 두꺼운 게 아닌 거야. 일종의 완충 지대 역할인데 어쩌다 보니 좀 넓은 영역을 차지할 뿐인 거지. 실제로 엄청 중요한 역할을 하는 곳은 많은 신호가 빠르게 전달되어야 해서 아주 효율적으로 신경 세포들이 배치되어 있기도 해. 그런데 이 영역은 사실 그렇게 빠른 정보 처리가 필요하지 않으므로 상대적으로 덜 정리가 돼 부피가 여전히 큰 것일 수도 있어.

뇌의 활성 정도를 측정하는 순간이 언제였느냐도 매우 중요해. 아무 자극도 주지 않고 평상시와 같은 상태에서 뇌의 기본적인 활성 정도를 비교했는지, 사회적 자극을 받은 상태에서 확인했는지에 따라 뇌가 나타내는 활동의 형태가 많이 달라질 수 있거든.

또 외향적이냐 내향적이냐는 대부분 설문 조사 등을 통해 자신을 직접 평가한 결과로 판단할 때가 많거든. 그래서 본인이 생각한 외향성의 정도와 뇌의 활성 정도가 충분히 관계 있는 것처럼 보이지 않을 수도 있어.

실험 상황을 어떻게 설정하고 뇌의 활성을 어떤 순간에, 어떤 방법으로 측정했느냐에 따라 물리적인 결괏값은 다르게 나타날 수 있으므로, 그것을 다른 연구 결과들과 비교해 어떻게 해석하느냐도 정말 중요해.

머리와 꼬리가 있는 신경 세포

뇌는 신경 세포가 수억 개 모인 덩어리라고 했지? 신경 세포는 몸의 다른 곳을 구성하는 세포들과는 그 모양이 조금 달라. 거대한 올챙이나 숟가락같이 생겼어. 머리 부분과 꼬리 부분이 있거든. 머리 부분은 세포체(cell body)라고 부르고, 세포체에 꼬리처럼 달려 있는 부분은 축삭 돌기(axon)라고 해. 모든 신경 세포에 세포체는 하나지만, 세포체에 달린 축삭 돌기가 하나인지 두 개인지, 그 길이가 얼마나 긴지는 신경 세포마다 조금씩 달라. 신경 세포도 종류가 굉장히 많은데, 그 종류에 따라 모양이 다르기도 하고, 같은 종류의 신경 세포라고 하더라도 뇌의 어느 곳에서 어떤 역할을 하는지, 또 얼마나 발달했는지에 따라 모양이 다를 수도 있어.

신경 세포의 머리 부분인 세포체에는 동물의 몸을 구성하는 세포라면 모두 있는 핵과 미토콘드리아 같은, 세포가 생존하고 활동하는 데 필요한 기본 구조가 모여 있어.

세포체에서 길게 뻗어 나오는 축삭 돌기에는 별도의 핵이나 미토콘드리아 같은 세포 내 구조물이 있지 않아. 하나의 세포체와 거기 달려 있는 축삭 돌기는 별개의 두 세포가 결합된 게 아니라 합쳐져 하나의 세포를 이루는 거니까 당연하지. 그런데 이렇게 핵

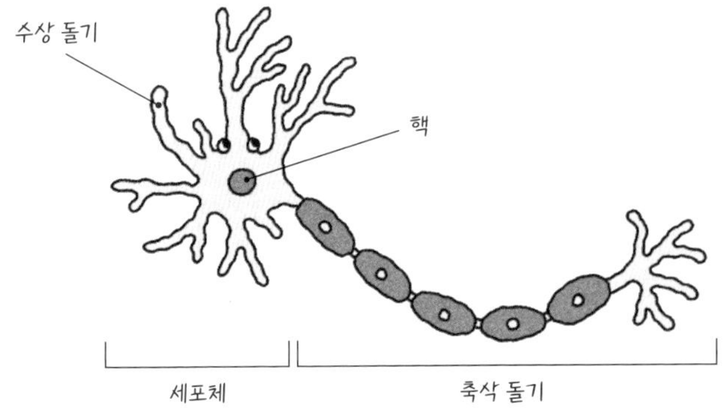

가장 많이 보이는 신경 세포의 모양

하나만으로 기다란 축삭 돌기까지 유지하려면 너무 비효율적이지는 않을까? 동그란 모양이면 중앙의 핵에서 세포 전체를 효율적으로 돌볼 수 있을 것 같은데, 왜 이렇게 특이하게 생긴 걸까?

신경 세포가 이런 독특한 모양인 이유는 뇌가 워낙 복잡한 기관이라서야. 세포들끼리 근처에 모여 있으면 신호를 서로 잘 주고받을 텐데, 뇌에서는 세포들이 멀리 떨어져 있기도 하니까. 게다가 뇌의 공간은 한정적이라서 세포 자체의 몸집을 키울 수도 없는 거야. 그래서 그 해결책으로, 세포의 본래 기능을 하는 세포체의 몸집은 그대로 두고, 신호만 전달할 수 있는 긴 통로인 축삭 돌기를 만들어 낸 거지.

축삭 돌기는 오로지 신호 전달이라는 역할을 하기 위한 구조물이야. 뇌의 신경 세포들은 각각 신호를 전달해야 하는 최종 목적지가 다를 거고, 그 최종 목적지가 몇 군데냐, 또 얼마나 떨어져 있느냐에 따라 축삭 돌기의 개수와 길이가 다르게 발달하게 돼.

사람의 뇌 속에서 가장 긴 신경 세포는 10밀리미터 정도 된다고 알려져 있어. 10밀리미터라니 '애개' 하는 생각이 든다면 오산이야! 뇌 안에 있는 신경 세포의 길이는 대개 마이크로미터(㎛) 단위거든. 그런데 뇌를 벗어나 온몸을 살펴보면, 엄청 기다란 신경 세포가 있어. 바로 꼬리뼈부터 엄지발가락까지 한 번에 이어지는 신경 세포야. 다리 길이만큼 긴 신경 세포라니, 놀랍지? 하지만 아직 놀라긴 일러. 다른 동물들까지 살펴보면 신경 세포는 훨씬 더 거대하고 길어질 수 있거든. 지금까지 알려진 것 가운데 가장 긴 신경 세포는 고래의 신경 세포인데, 세포 하나의 길이가 30미터나 된대.

회백질과 백질

신경 세포는 그 구조만 특이한 게 아니야. 뇌에서는 이 신경 세포가 신기하게도 특정한 방향으로만 배열되어 있어. 세포체 부분은 피질이라고 하는 뇌의 바깥 부분에 주로 분포해 있어. 그리고 세포체에서 뻗어 나오는 축삭 돌기들은 뇌의 안쪽을 향해 뻗어

나가지. 뇌 전체에 걸쳐 신경 세포는 이렇게 배열이 일정하고 그 결과, 뇌의 특징적인 겉모습이 만들어져.

사실 뇌의 형태나 뇌를 이루는 세포의 모양 같은 것은 대부분 확인된 지 오래됐어. 요즘은 살아 있을 뿐 아니라, 특정 행동을 하는 동안에도 뇌를 관찰할 수 있는 기술이 많이 발달해 있지. 하지만 과거에 뇌와 신경 세포의 구조를 연구하던 초기에는 살아 활동하는 뇌를 있는 그대로 확인할 기술이 없었어. 그래서 대부분 살아 있는 조직이 아닌 죽은 상태의 조직을 관찰했어. 신경 세포의 세포체는 살아 움직일 때는 약간 붉은빛이 돌지만, 에너지가 더는 공급되지 않고 세포가 죽으면 회색빛으로 보여. 처음 세포체가 모여 있는 뇌의 바깥 부분을 확인했을 때는 세포가 모두 죽어 있는 상태라 회색으로 보였어. 그런 까닭에 뇌의 바깥 부분은 '회백질'이라는 이름으로 불리게 됐어.

그럼 뇌의 안쪽 영역은 어떨까? 안쪽은 세포체에서 뻗어 나오는 축삭 돌기들이 빽빽하게 모여 있는 곳이라고 했지? 이 축삭 돌기는 지방질의 구조물로 감싸여 있어. 지방질은 세포가 죽어 있는 상태에서도 살아 있는 상태에서도 흰빛을 띠어. 그래서 축삭 돌기의 비율이 높은 뇌의 안쪽 영역은 '백질'이라고 부르게 됐어. 이름을 너무 쉽게 지은 거 아니냐고? 그렇긴 하지만, 뇌의 물리적인 구조를 이해하기에 너무 간단하고 좋지?

4. 무던한 성격은 타고나는 걸까?

회복 탄력성

쌍둥이인 민지와 나는 외모가 아주 비슷하다. 난 민지와 닮은 것도 좋고, 민지 친구들과 노는 것도 재밌는데, 민지는 아닌 것 같다. 어제는 민지가 학교에서 돌아오자마자 내게 짜증을 부렸다. 나랑 생긴 게 비슷한 것이 싫단다. 그런데 성격이 정반대인 것도 싫단다. 닮으려면 성격도 닮아야지 왜 또 성격은 반대냐며 짜증을 냈다. 민지는 성격이 예민해서 짜증 내는 건 하루이틀 일이 아니긴 하다. 그런데 내가 해 줄 수 있는 것도 없고 딱히 대답해 줄 말도 없었다.

그래서 솔직하게, 쌍둥이라 비슷하게 생긴 것도, 성격이 다른 것도 네가 기분 나쁘라고 그런 게 아닌데 어쩌라는 거냐고 되물었더니, 민지도 어이가 없다는 듯 웃고 말았다. 자기랑 내가 나이는 같지만 그래도 자기가 언니라서 사춘기가 먼저 왔다나. 예민하다는 말을 요즘 부쩍 많이 들어 신경질이 좀 났다고 했다. 사람마다 타고난 성격이 있는 거라고 생각하고 넘어가려고 했는데, 꼭 말끝마다 내 이야기가 따라붙는댔다. "영지는 안 그런데", "영지는 성격이 참 좋아" 이런 말 모두 "민지는 왜 그렇니?", "민지는 성격이 별로야"라는 말을 돌려 말하는 것 아니냐는 것이다. 누가 그런 말을 했는지 모르겠지만, 나와 비교하는 건 나빴다.

어쨌거나, 그런 말을 누가 하든 말든 신경 쓰지 않으면 되는데 민지는 나와 달라 이런 말을 들으면 잘 잊지 못한다. 그러고 보면, 내가 오히려 눈치가 없는 건 아닐까? 너무 둔하고 무던한 것도 나쁜 건 아닌지 모르겠다는 생각이 문득 든다.

영지와 민지는 성격이 정말 다른가 봐. 민지가 저렇게 짜증을 내면 영지도 스트레스를 받지 않았을까 했는데 정말 하나도 신경 쓰이지 않나 보네. 영지의 일기만 봐도 주변 사람들이 민지와 영지를 비교하며 한 말이 다 사실로 느껴져. 둘은 자매인데 성격이 거의 정반대네. 생긴 게 거의 똑같은 일란성 쌍둥이라면 유전적인 부분도 자라온 환경도 굉장히 비슷할 텐데 말이야. 영지와 민지처럼 성격이 다르면 뇌가 어떻게 다를까?

스트레스는 왜 받을까?

예민하고 작은 일에도 스트레스를 쉽게 받는 사람이 있는 반면에 어떤 일이 있어도 평온하고 스트레스를 거의 받지 않는 사람도 있어. 스트레스가 뭐길래 누구는 매일 괴로워하고 누구는 한 번도 안 받아 본 것처럼 잘 지내는 걸까? 스트레스가 무엇인지 정확히 알면 피하기가 좀 더 쉬울지도 몰라.

최근 가장 스트레스 받았던 순간을 한번 떠올려 보자. 바로 몇 시간 전에 일어난 일일 수도 있고, 몇 달 전의 일일 수도 있을 거야. 그런데 얼마나 오래됐는지와 상관없이 짜증 나고 힘들었던 그 순간보다는 지금 감정이 덜 생생하고 약하게 느껴지지 않아? 그때를 떠올린다고 해도 그 순간만큼 스트레스를 받지는 않을 거야. 여기서 스트레스의 정체를 눈치챌 수 있어. 스트레스는 바로 부정적인 감정에 따라오는 반응이야. 부정적인 감정을 강하게 느끼면 스트레스를 많이 받는 거고, 약하고 옅게 느껴질 땐 스트레스도 별로 받지 않는 거지.

민지가 영지에 대해 '둔하다'라고 말하는 건 바로 영지가 민지만큼 감정을 생생하고 강하게 느끼지 않는다는 이야기일 거야. 만약에 똑같은 상황에 놓였을 때 민지가 느끼는 부정적인 감정의 삼분의 일 정도를 영지가 느낀다면, 민지는 엄청나게 스트레스를 받더라도 영지는 그다지 스트레스를 느끼지 않을 거야. 영지처럼 스트레스를 언제나 안 받을 수 있다면 좋지 않을까? 두 사람의 뇌에 어떤 차이가 있는지 궁금하다.

스트레스 호르몬과 뇌하수체

둘의 외모가 닮았다거나 성격이 반대라거나 하는 말을 들으면 민지는 얼굴이 붉으락푸르락하면서 화가 잔뜩 날 거고, 반대로 영지는 그 말에 그다지 관심이 없을 거야. 이 순간 영지와 민지의 뇌를 들여다보면, 표정만큼이나 엄청난 차이가 하나 보일 거야. 영지의 뇌에는 거의 없는 '스트레스 호르몬'이 민지에게선 굉장히 많이 만들어질 거거든.

호르몬은 혈관을 타고 온몸을 누비는 물질이야. 멀리 떨어진 기관끼리 신호를 주고받을 때 호르몬이 중요한 역할을 해. 또 호르몬은 한 번에 여러 곳으로 그 신호를 전달할 수도 있어. 스트레스를 받으면 몸 속에서 그 양이 증가하는 호르몬이 있어. '코르티솔'이라는 호르몬인데, 이 호르몬은 사실 뇌에서 만들어지거나 뇌속에서 직접 작용하는 건 아니야. 신장에 붙어 있는 조그만 기관인 부신이라는 곳에서 이 호르몬을 만들어 내. 그런데 부신이 코

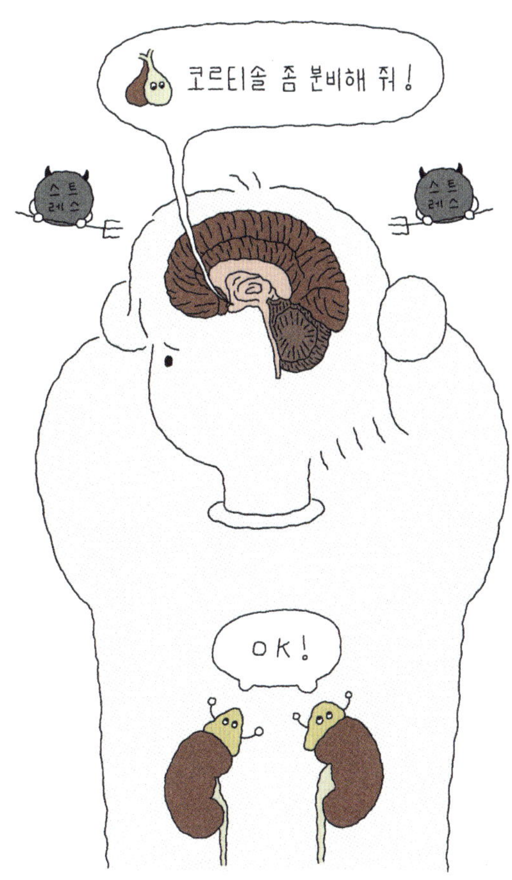

르티솔을 얼마나 만들어 내는지를 조절하는 건 바로 뇌야.

뇌에도 호르몬을 만드는 부분이 있어. 바로 뇌하수체라는 곳인데, 뇌의 가운데 아래쪽에 종처럼 매달려 있어. 뇌하수체는 뇌에서 스트레스를 많이 받는다는 걸 느끼면, 부신을 자극하는 호르몬을 만들어. 이 호르몬이 혈관을 타고 멀리 떨어진 부신에게 가서 '지금 스트레스를 엄청 받으니까 코르티솔 좀 만들어 줘!'라고 이야기를 전하는 거야.

그럼 뇌하수체가 부신으로 신호를 보내지 않거나, 부신에서 코르티솔이 아예 분비되지 않으면 스트레스를 받지 않을까? 그럴지도 모르지. 그런데 스트레스를 아예 느끼지 않는다고 좋은 건 아니야. 스트레스를 유발하는 상황을 우리가 막을 수는 없으니까, 뇌는 외부로부터 나쁜 자극이 올 때 코르티솔이라는 신호를 만들어 자신을 보호하는 거거든. 좋은 감정이든 나쁜 감정이든 상황에 맞게 감정을 풍부히 느끼는 것 자체가 건강한 것이기도 하고. 아예 스트레스를 느끼지 않는다는 건 어쩌면 위험한 상황을 인지하지 못한다는 뜻일 수도 있어. 그래서 스트레스를 아예 안 받는 것보다 더 중요하고 좋은 방법은 스트레스를 잘 해소하는 거야.

스트레스를 받았더라도 그걸 잘 해소하고 평상시의 상태로 돌아가는 능력을 '회복 탄력성'이라고 해. 부정적인 감정을 느낀 뒤라도 금세 원래 상태로 잘 돌아가는 사람, 또는 스트레스를 받더라도 그것으로 인한 신체적·정신적인 타격이 별로 크지 않은 사람 모두 회복 탄력성이 높다고 볼 수 있어. 회복 탄력성은 뇌의 어느 영역이 어떻게 작용해 나타나는 걸까? 이걸 알아보는 데 필요한 뇌를 연구하는 방법을 먼저 살펴보자.

뇌를 연구하는 방법, 특정 조직을 제거하기

뇌의 특정 영역을 완전히 제거해 있을 때와 없을 때를 비교하면 그 영역의 역할을 명확히 알 수 있을 거야. 그렇지만 멀쩡히 기능하는 영역을 직접 제거해 연구하는 것은 거의 불가능하기도 하고 윤리적으로도 함부로 해서는 안 되는 일이지. 그런데 사고나 질병으로 뇌의 일부분을 떼어 내야 될 때가 있어. 또 안타깝지만 태어날 때부터 뇌의 특정 영역이 없거나 제대로 발달하지 않은 상태로 태어나는 사람도 있지. 이런 사람의 행동이나 성격을 관찰해 보면, 그 사람에게서 제거했거나 제대로 발달하지 않은 뇌 영역의 역할을 유추해 볼 수 있어.

이런 사례를 연구해서 뇌의 회복 탄력성에 중요한 역할을 하는 영역을 실제로 찾아냈어. 'TC'라는 이름으로 알려진 사람의 이야기인데, 이 사람은 태어날 때부터 좌뇌와 우뇌를 연결하는 조직인 뇌량(corpus callosum)이 없었대. 그런데 수십 년을 살면서 뇌량이 없다는 사실을 아무도 몰랐어. 이 조직은 생명을 유지하는 일이나 뭔가를 배우고 생각하는 인지 능력, 운동 능력, 감정을 느끼는 것, 다른 사람들과 어울리는 것에도 특별히 영향을 주지는 않는 모양이야. TC는 평생 일상생활을 유지하는 데 별다른 문제가 없었고, 주변 사람과 비교해 눈에 띄게 다른 점도 없었을 뿐 아니라

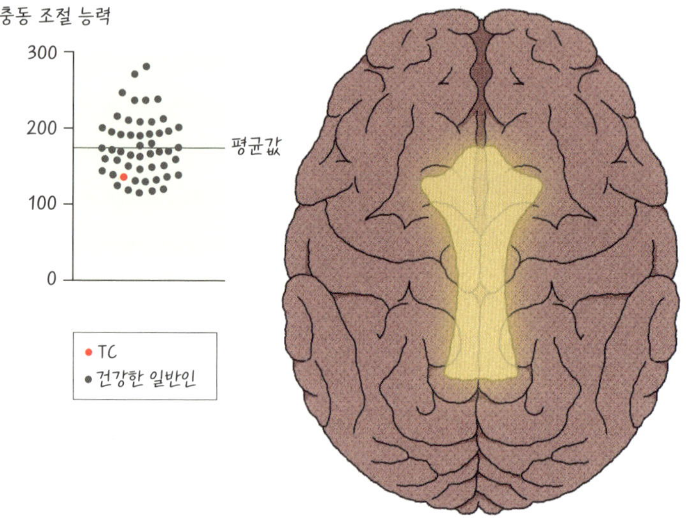

뇌 가운데 X자 모양(그림 속 노란색 영역)이 좌뇌와 우뇌를 연결하는 구조인 '뇌량'
이다. 왼쪽 그래프는 TC의 성격 검사 결과.[2] 세로축의 숫자가 클수록 충동 조절 능력
이 높다. TC의 결괏값이 상당히 하위에 있음을 확인할 수 있다.

건강했거든.

차이점을 굳이 찾아보자면, TC는 다른 사람보다 욱하는 경향
이 좀 심했다고 해. 그런데 욱하는 성격을 가진 사람은 사실 수도
없이 많잖아? 다들 이 사람의 성격이 그러려니, 하고 넘어갔던 거
지. 그런데 놀랍게도 이 사람의 양쪽 반구가 연결되어 있지 않은
것이 욱하는 성격의 원인으로 드러났어.

풍선을 꾹 누르면, 욱한다!

순간적으로 감정을 격하게 분출하는 사람을 보면 '욱한다'라고 하지. 이 '욱하는 성격'은 회복 탄력성과 관계가 있어. TC는 욱하는 성격에, 회복 탄력성이 굉장히 낮은 사람이었어.

바람을 채운 풍선을 손으로 꾹 눌렀다 놓아 주는 걸 상상해 보자. 손을 떼는 순간 풍선은 예측할 수 없는 방향으로 갑자기 튀어 나갈 거야. 여기서 풍선을 꽉 누르는 힘이 스트레스라고 볼 수 있어. 손을 놓았을 때 풍선이 가만히 동그란 형태를 유지하면서 천천히 원래 상태로 돌아갈 수 있을까? 누르는 힘이 세다면 풍선은 절대 얌전히 원래 상태로 돌아가지 못할 거야. 물리 법칙에 따라 받았던 힘을 그대로 분출해야 하니까 누르는 힘이 세면 셀수록 풍선은 더 세게, 더 빠르게 튀어 나가겠지.

그런데 우리 뇌는 풍선과 달라 강한 스트레스를 받았더라도 풍선처럼 튀어 나가지 않고 스트레스를 받기 전 상태로 천천히 돌아가는 것이 가능해. 사실 스트레스는 물리적인 힘이 아니기도 하지. 이렇게 강한 스트레스를 받은 뒤에도 원래대로 쉽고 빠르게 잘 돌아가면 회복 탄력성이 높은 거야.

다시 풍선을 가져와 보자. 회복 탄력성이 높은 사람은 아무리 세게 눌러도, 손을 떼면 즉시 누르기 전 상태로 돌아가는 마법 풍

선과 같아. 회복 탄력성이 낮은 사람은 눌렀다가 떼면 아무 방향
으로나 마구 튀어 나가는 일반적인 풍선과 같다고 할 수 있지. 혹
은 눌린 모양 그대로 멈춰 버리고 회복되지 않을 수도 있을 거야.
TC는 바로 이런 풍선 같은 사람이었어. 스트레스를 받으면 즉시
그 감정을 마구 분출해야만 원래 상태로 겨우 돌아갈 수 있었던
거지. 다른 문제가 있는 게 아니라 회복 탄력성이 낮은 게 욱하는
성격으로 나타났던 거야.

뇌량과 회복 탄력성

TC는 회복 탄력성이 무지 낮았는데, TC의 뇌에 뇌량이 없었으
니까 당연히 뇌량이 회복 탄력성을 만드는 데 매우 중요한 역할
을 할 거라고 추측할 수 있지. TC의 사례에서 확인할 수 있듯이,
이 조직 자체가 완전히 존재하지 않더라도 뭔가를 배우고, 감정
을 느끼고 이해하며, 다른 사람들과 어울리는 등 살아가는 데는
아무 문제가 없어. 하지만 뇌량이 없으면 강한 감정, 특히 스트레
스를 강하게 느낀 뒤 이전의 상태로 회복하는 일이 많이 어려워
져. 어떤 감정을 느낀 뒤에 원래 상태로 회복하지 못하면 그 감정
에 빠진 상태로 멈춰 있거나, 심하면 그 감정 속으로 더 깊이 빠

Z세대를 위한
지금 여기의 교양!

세종도서
교양부문
선정도서

한국출판문화
산업진흥원
청소년 추천도서

대한출판문화협회
올해의
청소년도서

국립어린이
청소년도서관
사서 추천도서

학교도서관저널
추천도서

곰곰

세상과 나를 잇는 새로운 생각,
휴머니스트 청소년문고 곰곰

gomgom.me에서 수업 자료를 다운받으세요!

주소창에 곰곰문고 또는 gomgom.me를 입력해 보세요.
한 학기 한 권 읽기 수업에 활용할 수 있는 활동지는 물론
수업에 도움이 될 영상 자료까지 만나실 수 있습니다.

@gomgom_teens에서
곰곰의 소식을 받아 보세요!

인스타그램을 통해 더 빠르고 가깝게 곰곰의 이야기를 전합니다.
신간 정보와 출간 뒷이야기, 각종 이벤트까지 다양한 콘텐츠로 만나요!

주소 서울시 마포구 동교로 23길 76　전화 02-335-4422　팩스 02-334-3427

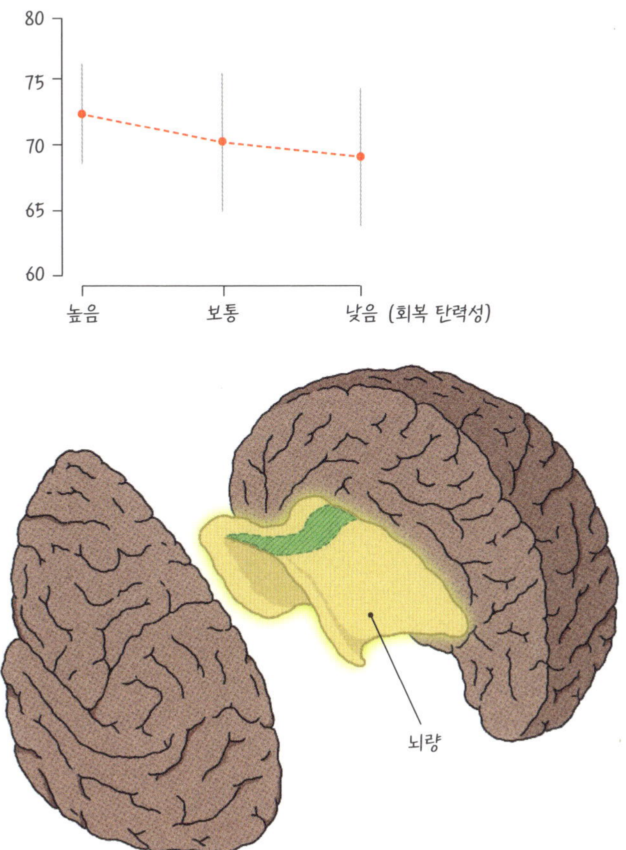

청소년에게서 확인된 회복 탄력성과 뇌량 부피의 관계.[3] 회복 탄력성이 평균보다 높은 사람, 평균인 사람, 평균보다 낮은 사람의 뇌량을 확인했더니 회복 탄력성이 높을수록 뇌량, 특히 위 그림의 초록색 영역의 부피가 크다는 사실이 확인됐다.

져들어 점점 더 회복하기 어려워질 수도 있어. 이런 사람은 겉으로 보기에 매우 충동적이거나 욱하고 감정을 잘 조절하지 못하는 성격으로 보일 거야. 정말로 감정을 느끼거나 충동을 조절하는 데 어려움이 있는 성격 특성을 지닌 사람일 수도 있지만, 회복 탄력성이 떨어져 그럴 가능성이 아주 높아. 그리고 그런 성격의 원인이 낮은 회복 탄력성인 경우가 대부분이야.

실제로 여러 연구에서 회복 탄력성이 높은 사람일수록 뇌량의 부피가 더 크다는 걸 관찰했어. 부피가 클 뿐 아니라 뇌량에서 발생하는 신호가 많고, 세기도 더 강했대. 뇌량이 활발하게 자기 역할을 한다는 뜻이지. 반대로 회복 탄력성이 낮은 사람은 대다수의 평균보다 뇌량의 부피가 작거나, 뇌량이 다른 뇌 영역들과 주고받는 신호가 약했어.

회복 탄력성의 정도와 뇌량의 차이는 뇌 발달이 이미 많이 진행된 성인에게서뿐 아니라 청소년에게서도 확인됐어. 청소년 가운데에서도 회복 탄력성이 높을수록 양쪽 반구 간의 연결이 더 강한 것으로 나타났거든.

회복 탄력성은 타고나는 걸까?

뇌량의 부피는 회복 탄력성뿐 아니라 스트레스 자체와도 관계가 있다고 해. 사실 회복 탄력성이 스트레스를 받는 상황과 연관되어 있으니 당연하겠지? 예상한 것처럼, 뇌량의 부피가 작은 사람들은 스트레스에 더 취약했어. 똑같은 정도의 스트레스를 받을 때 뇌량이 더 작은 사람은 코르티솔이 더 많이 만들어지더래. 그리고 코르티솔로 인해 나타나는 반응으로 부정적인 감정에 빠진다거나 신체적인 반응이 나타나는 정도도 훨씬 심할 때가 많았대. 그런데 이 사람들을 좀 더 조사해 봤더니 어린 시절에 부정적인 경험을 많이 했어.

몸이 많이 아팠거나 충격적인 사건을 목격하는 일처럼 심각한 스트레스를 일으킬 수 있는 경험은 물론이고, 아주 심한 충격을 받은 건 아니어도 부정적인 감정을 꾸준히 오랫동안 느꼈던 경우가 많았어. 또 특별히 자신에게 일어난 사건은 없지만 우울증처럼 부정적인 감정에 취약한 특징이 가족력으로 전달되기도 했고. 뇌가 가장 많이 발달하는 어린 시절에 여러 가지 이유로 부정적인 자극이 뇌에 많이 전해진 사람들은 뇌량이 제대로 발달하지 못하게 되는 것 같아. 어릴 때 부정적인 경험을 많이 했을수록 뇌량의 부피가 별로 크지 않았거든.

그래서 회복 탄력성이 낮은 사람들은 대개 태어날 때부터 뇌량이 작아서라기보다는 어릴 때부터 부정적인 감정에 취약해질 만한 경험을 많이 해 결과적으로 뇌량이 충분히 발달하지 못하고, 크기도 작은 채로 남아 회복 탄력성이 충분히 발달하지 못했을 거라고 봐.

회복 탄력성은 타고난다기보다 경험과 환경에 따라 뇌가 다르게 발달한 결과로 달라지는 거지. 뇌는 평생에 걸쳐 변화하고 발달하는 조직이라는 사실을 다시 한번 떠올려 보자. 뇌의 일부분인 뇌량 역시 살아가면서 배우는 것과 마주하는 여러 경험, 감정 같은 것의 영향을 받으면서 발달했을 뿐이야. 어떤 방식으로, 또 얼마나 발달했느냐에 따라 사람마다 다른 회복 탄력성을 지니게 된 거지.

회복 탄력성 기르기

그럼 어떻게 하면 회복 탄력성을 더 높일 수 있을까? 뇌량이 좌뇌와 우뇌를 연결하는 조직이라는 걸 다시 떠올려 보자. 좌뇌와 우뇌는 다른 일을 하는 기관은 아니야. 몸의 왼쪽과 오른쪽을 나눠 조절하기도 하고, 같은 감정을 느끼더라도 아주 미묘하게 왼쪽과 오른쪽 뇌가 다른 반응을 보이는데, 그 반응이 합쳐져 좀 더 복잡한 결과를 만들어 내기도 하지. 좌뇌와 우뇌는 서로 균형을 맞추고 협동하면서 '나'를 움직이는 거야.

뇌량은 바로 이 균형을 이루는 데 매우 중요한 역할을 하는 곳이야. 좌뇌와 우뇌를 넘나들며 뇌에서 균형 잡힌 신호를 전달하는 구조. 그리고 보니 뇌량의 역할이 곧 회복 탄력성인 것 같기도 하다. 회복 탄력성이라는 게 한 감정에 지나치게 치우치지 않고 평상시의 균형 잡힌 상태를 잘 유지하는 힘이기도 하니까 말이야.

회복 탄력성을 높이려면, 뇌가 먼저 어떤 특정한 자극이나 감정에 지나치게 빠져들거나 치우치지 않을 수 있어야 해. 그러려면 모든 순간이 다 지나갈 거라는 사실을 깨달아야 해. 내가 가장 편안한 '평상시의 상태'가 무엇인지도 알아야 하고. 무엇보다 긍정적인 것이든 부정적인 것이든 여러 가지 경험을 다양하게 해 보는 것이 중요해. 그 과정에서 감정도 풍부하게 느끼고, 주변 사람들과도 상호작용 하면서 여러 종류와 깊이의 감정을 느껴 보는 거지. 열린 마음으로 많은 경험을 하면 할수록, 뇌는 더 균형 잡히고 강해진다는 사실을 잊지 마.

5. 머리가 좋아지는 비결이 있을까?

착각하는 뇌

내 꿈은 똑똑하고 멋진 과학자가 되는 거다. 그러려면 일단 머리가 좋아야 한다. 아인슈타인처럼 말이다. 지금까지는 책을 많이 읽고, 학교 수업 시간에 열심히 집중하고 공부하면 똑똑한 사람이 될 거라고 생각해 왔다. 그런데 오늘, 그것만으로 부족하다는 걸 깨달았다. 우리 반 잠꾸러기 새연이가 웬일로 수업 시간에 한 번도 졸지 않았다. 선생님이 깜짝 놀라시면서 칭찬하셨는데, 새연이가 엄청 자랑스러운 표정을 지으면서 '머리가 좋아지는 집중력 강화기'를 쓰기 시작했다고 했다. 나는 그 말을 들은 순간부터 남은 수업 시간에 집중할 수가 없었다. 그런 기계가 있다는 사실조차 알지 못했다니!

집에 와서 아빠에게 이 이야기를 했더니 아빠는 배꼽을 잡고 엄청나게 웃으시고는 서점에 책을 사러 가자고 하셨다. 아빠는 나를 이해하지 못한다. 책은 이미 충분히 많이 읽었다. 보통 이상으로 똑똑해지려면, 그러니까 천재 과학자가 되려면 책으로는 부족하다. 새연이가 쓰는 집중력 강화기가 필요하다. 나는 정말로 진지하다.

요즘같이 복잡한 세상에서 정말 머리 좋은 사람이 되려면 책을 많이 읽고 공부를 열심히 하는 걸로는 부족하다. AI도 나타난 마당에 사람의 머리가 스스로 좋아지는 데는 분명 한계가 있다는 말이다. 더군다나 뇌가 발달하는 시기는 정해져 있다고 하는데, 만약 이 시기를 놓치면 어떡하지? 스무 살이 되고 난 뒤에 뇌는 배우기를 멈춘다고 하는데 너무 걱정스럽다.

머리가 좋아지는 집중력 강화기라니! 나도 솔깃해지는걸? 하지만 수업 시간에 졸린 것이나 집중을 더 잘하는 것과 머리가 좋아지는 것은 무슨 상관이 있는 걸까? 민지가 새연이의 갑자기 달라진 모습, 선생님께 칭찬받는 모습을 보면서 순간적으로 상상과 착각을 한 게 아닐까 싶어. 민지는 평소에 책도 많이 읽고 수업 시간에 집중도 엄청 잘한다고 스스로 말하는데, 그 이상으로 더 똑똑해지고 싶나 봐. 그런 목표가 있다면 20대, 30대가 되어도 자기 계발을 하려고 꾸준히 노력할 테니 전혀 걱정할 일이 아닌 것 같아. 아마 민지의 아빠도 이렇게 생각하셔서 웃음을 터뜨리신 것 같네.

그런데 우리 뇌는 정말 평생에 걸쳐서 발달할까? 몸은 일정 시기에만 많이 자라나잖아. 그리고 머리가 좋아지고 뇌가 발달한다는 건 어떤 의미인지도 살펴보자.

쉬지 않고 배우는 뇌

우리 몸은 성장하는 시기가 정해져 있어. 특히 키는 10대일 때 매우 폭발적으로 자라나지. 성장기 이후 30대가 지나서까지 키가 계속 자라는 사람은 거의 없어. 손톱이나 머리카락은 우리가 살아 있는 동안 계속해서 자라나지만, 그 외 거의 모든 신체 부분은 평생에 걸쳐 자라진 않아. 신체 대부분이 태어난 뒤 청소년기까지 점점 더 빨리, 그리고 많이 자라나다가 성인이 되고 난 뒤에는 성장을 멈춰.

우리 몸속에 있는 장기도 마찬가지야. 태어난 지 얼마 되지 않은 아기는 우유밖에 먹지 못해. 음식을 잘게 쪼개고 삼킬 수 있게 도와주는 이(치아)가 없어서이기도 하지만, 몸속 소화 기관이 아직 다양한 음식을 소화할 준비가 되어 있지 않기 때문이야. 처음에는 우유를 먹다가, 이유식으로 하나씩 새로운 음식을 소화하는 연습을 한 뒤 소화 기관이 준비되면, 비로소 뭐든 먹을 수 있는 어른이 되는 거지.

목소리를 내는 데 중요한 성대는 어때? 청소년기에 접어들면 우리 몸은 2차 성징을 겪어. 키처럼 겉으로 드러나는 신체는 물론이고, 성대에도 변화가 일어나 목소리가 달라지지. 태어날 때는 성대가 완전히 발달하지 않은 채로 있다가, 2차 성징을 겪으면서 완전하게 발달하게 되는 거야. 성대와 목소리뿐 아니라 우리 몸 구석구석은 성장과 변화를 일으켜. 목소리의 변화는 겉으로 아주 뚜렷하게 드러나 알아채기 쉽지. 눈에 보이지 않지만 생식기를 포함한 장기, 그리고 내분비계에도 변화가 생겨. 이런 변화는 평생에 걸쳐 일어나는 것은 아니고 특정한 시기, 특히 청소년기에 아주 활발하게 일어난 뒤 어느 순간 멈추게 돼. 더는 성장하지 않고, 충분히 성숙한 상태로 몸을 쓰다 나중에는 노화가 일어나는 거야.

몸의 모든 구석구석이 변화하고 성장하는데, 뇌는 어떨까? 우리 뇌도 태어나 성인이 되기 전까지 다른 신체 부분처럼 성장할까? 그리고 어느 순간 성장을 멈출까? 놀랍게도 뇌는 평생 계속 배우고 성장해. 그 배움과 성장의 속도에 차이가 생기기는 하지만, 자극이 주어지는 동안 뇌는 언제까지고 변화하기에 끝없이 쓰는 것이 정말 중요한 기관이야.

시냅스, 뇌 기능의 열쇠

사람의 뇌세포 개수는 약 860억 개나 된다고 해. 엄청나지? 그런데 이건 사실 추정치일 뿐이고 사람마다 차이도 꽤 커. 이 개수는 성인 뇌의 추정치이고, 뇌를 구성하는 세포 수는 세상에 태어나 10대를 지날 때까지 뇌가 급격하게 발달하면서 변해. 뇌가 발달하면서 뇌세포 수도 엄청나게 증가하고, 30대 정도가 되면 세포 수가 수백억 개까지 늘어나는 거야. 보통 뇌가 성장하는 것은 30대 정도까지라고 하거든. 30대의 어느 시점을 지나면, 새로운 뇌세포가 더 생겨나지는 않는다는 뜻이야. 충분히 성장한 뇌는 평균 약 860억 개의 뇌세포 수를 유지하면서 작동하다가, 질병이나 노화를 겪으면서 오히려 줄어들 가능성만이 남게 돼.

그럼 뇌세포 수가 많으면 뇌가 더 많이 발달하거나 성숙한 것이라는 말일까? 사실 뇌를 구성하는 세포 개수는 그렇게 중요한 요소가 아니야. 뇌가 작동하는 데 있어 뇌세포 수보다 더 중요한 게 있거든. 바로 뇌세포 사이의 연결이야. 앞에서 뇌를 구성하는 신경 세포에 관해 살펴봤지? 어떤 뇌세포는 세포 하나하나가 정보를 저장하는 것과 같은 특정한 기능을 수행하기도 해. 하지만 개별 뇌세포가 이런 역할을 하는 경우는 사실 그렇게 많지 않아. 뇌는 뇌세포 하나하나의 역할이 아니라 세포 간의 '연결'과 '의사소통'으로 작동해.

이런 신경 세포 사이의 연결을 '시냅스(synapse)'라고 불러. 뇌를 구성하는 신경 세포 하나하나도 역할을 하지만, 신경 세포 사이의 연결이 어떻게 되어 있는지, 어느 영역과 어느 영역 간의 연결이 더 강한지가 뇌의 작동에 핵심적인 역할을 해. 그리고 이 모든 연결, 그러니까 시냅스는 한번 생긴 뒤로는 계속 쓸수록 더 강해진다는 특징이 있어. 반대로 쓰지 않으면 점점 약해지지. 이렇게 시냅스의 연결 강도가 변하는 일은 평생에 걸쳐 일어나. 뇌는 평생 변화하고 성장하는 기관이라는 말이야. 뇌는 자극을 주고 쓰면 쓸수록 더 발달해. 이때 뇌가 '발달한다'라는 건 뇌세포 수가 늘어나는 것을 말하기도 하지만 그보다 뇌세포 사이의 연결이 복잡해지고 강해진다는 걸 의미하는 거야.

뇌의 발달

막 태어난 아기는 말하거나 일어나서 걷지 못해. 언어적 기능, 신체적 기능, 그리고 모든 감각과 이해 능력 같은 것은 뇌가 적절하게 발달해야 제대로 발휘될 수 있어. 사람의 뇌는 모든 영역이 제 기능을 할 정도로 발달하기까지 10여 년이 필요해.

나이에 따라 뇌의 백질과 회백질 부피가 어떻게 변하는지를 살펴보면, 대략 13세 정도가 될 때까지 회백질의 부피가 점점 증가하고, 그 이후로는 조금씩 감소한다고 해. 회백질은 뇌에서 신경 세포의 머리 부분인 세포체가 모여 있는 곳이라고 했지? MRI를

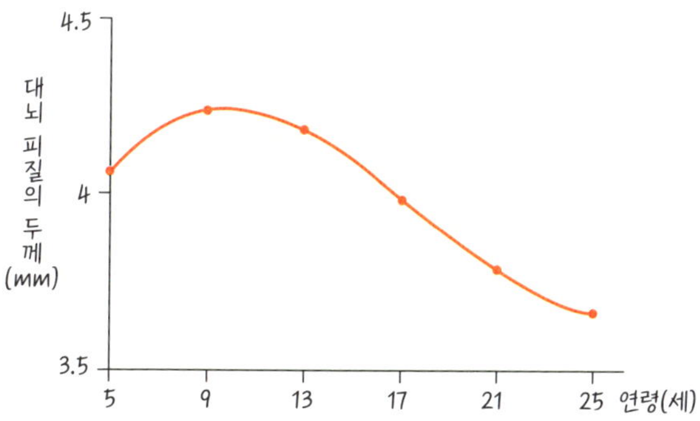

대뇌 피질(회백질)의 두께는 10대 초반 정도까지 두꺼워지다가 정점을 찍은 후, 그 뒤로는 오히려 얇아진다.[4]

통해서도 13세경까지 신경 세포 수가 꾸준히 늘어나고, 그 이후로 새로 늘어나지는 않는다는 게 확인됐어.

그런데 백질은 나이가 들어도 꾸준히 그 부피가 늘어난다고 해. 백질은 신경 세포의 축삭 돌기가 모여 있는 곳이잖아? 신경 세포 사이의 연결, 뇌의 각 영역 사이의 연결은 나이가 들어도 계속해서 활발하게 만들어지고 늘어난다는 뜻이야.

모든 신체 기관이 그렇지만, 팔이나 복부의 근육과 뇌를 비교해 보면, 나이에 따라 쓰는 정도가 다르다는 걸 이해할 수 있을 거야. 신체 활동량이 가장 폭발적으로 증가하는 청소년기부터 30대 정도까지의 팔이나 복부 근육 사용량을 떠올려 보면, 우리가

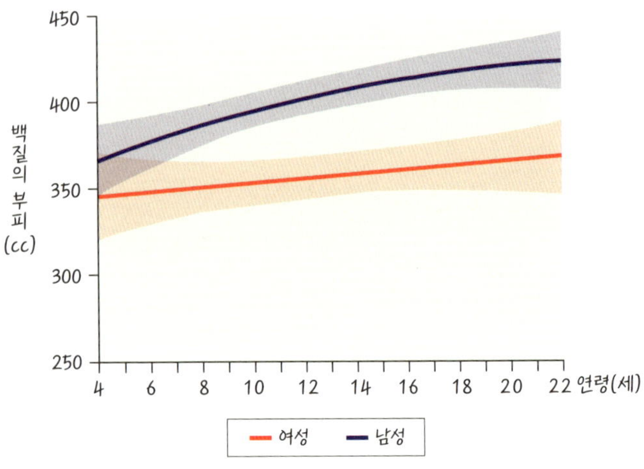

백질의 부피는 나이가 들수록 계속 증가한다.[5]

다섯 살일 때나 일흔 살일 때와는 그 사용량이 확실히 차이가 날 거야. 하지만 뇌는 여러 가지 지적인 사고를 하는 것뿐 아니라 생명을 유지하려면 태어나서 죽을 때까지 계속 많이 써야 해. MRI에서 백질의 부피가 일생에 걸쳐 꾸준히 늘어난 것은 우리가 뇌를 평생 끊임없이 쓴다는 사실과, 뇌가 기능하는 데 세포 하나하나보다 세포들 사이의 연결이 더 중요하다는 사실을 다시 한번 보여 줘.

감각을 상상하면 현실이 된다

뇌가 발달하고 시냅스가 많아진다는 건 실제로 어떤 결과로 나타날까? 단순히 '시냅스가 많아진다', '뇌가 발달한다'라는 말로는 머리가 좋아진다는 것인지, 어떤 변화가 일어난다는 것인지 잘 와닿지 않는 것 같아. 뇌가 급격히 발달하는 10대를 거치고 나면 뇌는 실수하거나 착각을 일으키는 일이 전혀 없다는 뜻일까?

사실 어른이 된 뒤에도 뇌는 쉽게 착각을 일으키곤 해. 우리가 현실 세계에서 실제로 감각하는 것과 머릿속에서 상상해 낸 것을 헷갈리는 거야. 이런 착각은 여러 가지 감각 정보가 한 번에 주어질 때 더 잘 일어나는 편이야. 여러 정보가 한 번에 발생하면 그 정보를 종합하느라 바쁜데, 분명히 구분할 수 없거나 정보가 서로 충돌할 때 뇌는 판단을 내려야만 해. 이 판단이 정확할 수도 있지만, 충돌하는 두 정보를 나름대로 절충해 실제와는 다른 결론을 내리기도 해. 실제 주어진 정보가 아닌데, 경험 등을 통해 기존에 뇌가 알던 정보를 채워 넣어 결론을 만들 때 결과적으로는 뇌가 착각한 게 되는 거야.

두 개의 파란 공이 각각 왼쪽과 오른쪽 위 구석에서 중간 지점을 향해 내려오는 영상을 떠올려 보자. 평면 영상 속에서 두 공은 가운데 지점에 다다라 완전히 겹쳐졌고, 이후 오른쪽 위에서 내려오던 공은 왼쪽 아래 구석을 향해, 왼쪽 위에서 내려오던 공은 오른쪽 아래 구석을 향해 계속 움직였어. 두 공은 서로 부딪친 걸까? 아니면 이 영상이 평면이라 정확히 알 수는 없지만, 부딪치지 않고 서로 떨어진 채로 제 갈 길을 간 걸까?

가운데 지점에서 두 공이 완전히 겹쳐진 뒤에 두 공 모두 형태나 움직임에 아무런 변화 없이 계속 가던 방향으로 움직이는 걸 보고, 우리는 기본적인 물리 법칙을 떠올리게 돼. 물리 법칙을 생각해 보면 두 공이 부딪치지 않았을 거라고 결론을 내리는 게 아마 맞을 거야.

그런데 두 공이 가운데 지점에서 겹쳐지는 순간에 어디선가 '딱!' 하는 소리가 들렸다면, 어때? 왠지 두 공이 부딪쳤을 가능성이 크다는 생각이 들 거야. '소리'라는 명확한 충돌의 증거가 있는 거니까.

실제로 사람들에게 이 영상을 보여 주면서 소리나 다른 자극을 주지 않을 때는 두 공이 부딪쳤다고 생각한 사람이 많지 않았는데, 두 공이 가운데에서 겹쳐지는 순간 소리를 들려주었을 때는 두 공이 부딪쳤다고 생각하는 사람이 확 늘어났어. 조금은 당연하게 들리지.

그럼 같은 영상을 보여 주면서 실제로는 아무 소리도 나지 않는데 머릿속으로 두 공이 겹쳐지는 순간에 '딱' 하는 소리를 상상해 보라고 하거나, 화면에 "'딱!' 하는 소리를 떠올리세요"라는 문구가 떴다면 어떨까?

실제로 공이 부딪쳤는지 아닌지 알 수 없고, 가운데에서 공이 겹쳐진 직후 공에 아무런 변화가 없는 것을 봤음에도 불구하고 머릿속으로 부딪치는 소리를 상상한 사람들은 실제로 공이 겹쳐지는 순간 소리를 들은 사람들만큼이나 공이 부딪쳤다고 대답했어. 뇌에서 상상으로 떠올린 소리가 실제로 주어진 청각 자극과 같은 효과를 발휘한 거야.

정보가 명확하지 않거나 부족한 상황에서도 뇌는 외부에서 주어진 것과 자신이 이전에 경험한 것을 총동원해 정보를 종합하고, 상황을 스스로 이해하려고 하는 거지. 이 모든 과정을 의식하든 하지 못하든 말이야. 올바른 정보를 바탕으로 종합해야 하는데, 어느 정보가 불충분하다면 뇌는 상상을 통해 부족한 정보를 메꾸려고 해. 그 과정에서 우리는 상상으로 채워진 정보가 마치 나머지 자극과 함께 실제로 주어졌다고 '착각'하게 되는 거야.

부족한 정보를 스스로 만드는 뇌

방금 살펴본 공 영상보다도, 뇌가 착각하는 현상으로 더 잘 알려진 것이 있어. '맥거크 효과(McGurk effect)'야. 맥거크 효과는 청각 자극과 시각 자극이 동시에 주어질 때 뇌가 착각을 일으키면서 나타나. 맥거크 효과를 경험할 수 있는 실험 상황을 한번 볼까?

한 사람이 입을 크게 움직이면서 한 음절을 소리 내는 영상이 있어. 이 영상을 보여 주면서, 이 사람이 뭐라고 말하는지를 맞춰 보라고 해. 영상 속 사람은 사실 "가"라는 말을 반복하고 있어. 그런데, 실제 소리를 끄고 "바"라는 말소리를 겹쳐 들려주면서 영상 속 사람이 뭐라고 말하는지를 물어보는 거야.

영상과 음성이 다르다는 것을 알고, '가'와 '바'의 소리가 분명히 다른데도 불구하고, 뇌는 소리와 영상을 한 번에 받아들인 뒤 합쳐 처리하려고 하므로 여기서 착각을 일으켜. 귀에 들리는 소리가 '바'니까 '바'라고 말한다고 답하거나, 입 모양을 생각한다면 '가'라고 말할 수도 있을 텐데, 대부분 "다"라고 대답하는 거야.

갑자기 뜬금없이 '다'가 왜 나오는 거냐고? 우리가 '가'를 발음할 때와 '바'를 발음할 때의 입 모양은 서로 달라. '가'는 입술이 다물어지지 않지만 '바'는 입술이 맞붙었다 떨어져야 하거든. '다'를 한번 소리 내어 발음해 볼래? '다'는 입술이 완전히 다물어지지 않지만, 혀가 입천장에 닿아 반쯤 닫힌 소리를 내. '가'와 '바'의 중간 정도 소리였던 거지.

여기서 뇌가 발달한다는 게 어떤 의미인지 다시 한번 생각해 볼 수 있어. 충분히 발달한 뇌는 경험이 많고, 그 경험을 필요한 때에 적절하게 스스로 쓸 수 있는 능력이 있어. 주어진 정보가 부족한 상황에서도 적절히 판단하고 이해할 수 있는 거지. 뇌가 충분히 발달하지 못해 착각을 일으킨 것이 아니라 오히려 그 정반대인 거야. 잘 발달한 뇌는 보다 많은 정보를 종합해서 처리하고, 거기에 더해 부족한 정보는 스스로 채워 넣을 능력이 있다는 사실을 엿볼 수 있어. 여기서 중요한 전제는 뇌가 경험이 많다는 점이야. 즉, '뇌가 잘 발달했다'라는 건 '경험이 많다'라는 뜻인 거지. 우리가 다양한 경험을 해 뇌를 자극하고, 또 복잡하고 어려운 생각을 많이 해 볼수록 뇌는 여러 상황에서 다양한 판단을 내리는 경험을 해. 이게 바로 '뇌가 발달한다'는 의미인 거야.

내 말이 보이나요, 베르니케 영역

맥거크 효과는 뇌에서 시각 정보나 청각 정보 같은 단순한 감각 정보를 받아들이는 기능과 언어를 처리하는 기능이 별도로 존재한다는 사실을 보여 주는 현상이기도 해. 뇌에서 소리를 처리하는 영역과 눈에 보이는 영상을 처리하는 영역은 나뉘어 있어. 시각 정보를 처리하는 영역은 뇌의 뒤쪽인 후두엽 쪽, 청각 정보를 처리하는 영역은 뇌의 옆쪽인 측두엽 쪽에 있어. 시각 정보와 청각 정보를 처리하는 영역이 겹쳐 있지 않은 데도 두 감각 정보가 동시에 전달됐을 때 충돌과 착각을 일으킨 이유는 뭘까? 시각 정보 중에서도 언어와 관련된 정보는 언어와 무관한 시각 정보와는 다르게 처리되기 때문이야. 뇌는 특히 누군가가 말하는 시각 정보를 마치 소리, 그러니까 청각 정보가 주어진 것처럼 변환하고 실제로 주어진 청각 정보와 종합해 '언어'로서 처리해.

뇌에서 언어를 처리하는 영역 중 대표적인 곳이 '베르니케 영역(Wernicke's area)'이야. 베르니케라는 과학자가 처음 이 영역을 발견해 그의 이름이 붙었어. 베르니케 영역은 소리로 들리는 언어, 그리고 문맥과 상황에 따른 언어의 의미를 해석하는 데에 중요한 역할을 하는 곳이야. 이곳에서는 단순히 들려오는 언어를 있는 그대로 받아들이기보다 여러 가지 정보를 종합해 언어의 '의미'를 파악해. "바"라는 소리가 들려도, "가"라는 입 모양이 겹치면, 이 두 정보를 종합하고 입 모양과 소리가 동시에 주어졌다는 사실을 고려해 '아무래도 이건 "다"라고 말하는 것 같다'라는 복잡한 추론을 해내는 거지.

뇌가 언어를 어떻게 처리하는지 이해하고 나니 맥거크 현상은 사실 단순한 착각이라거나 뇌가 복잡하고 많은 정보를 한 번에 처리하다가 일으킨 실수라고 하기엔 좀 부적절한 것 같기도 해.

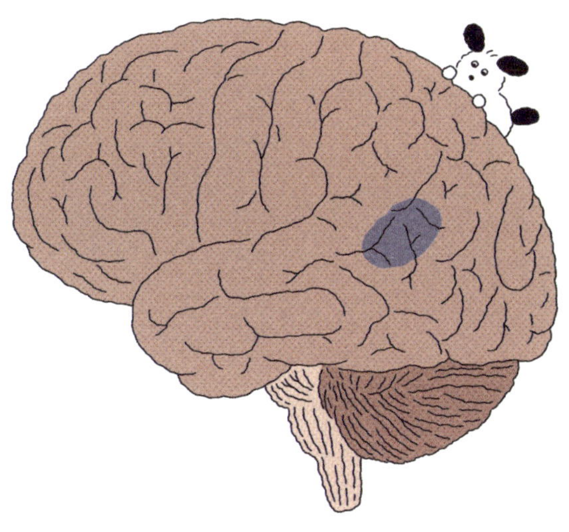

위 그림에서 보라색으로 표시된 곳이 베르니케 영역이다.

시끄러운 곳에서 친구와 대화를 나눌 때나 아주 어둡고 조용한 곳에서 소곤소곤 대화를 나눠야만 하는 상황을 한번 떠올려 봐. 내가 하는 말이 친구에게 명확하고 또렷하게 전달되기 어려운 상황이지. 이럴 때 우리는 상대방의 목소리만 귀 기울여 듣는 게 아니라 입 모양도 유심히 보게 돼. 언어를 이해하는 데에는 애초에 소리로 전달되는 '말'에 더해 입 모양이라는 시각적 신호가 중요한 역할을 하는 거야. 뇌가 언어를 처리하는 일이 얼마나 복잡하고 고차원적인 일인지 놀랍지?

6. 고양이도 나와 같은 감정을 느낄까?

뇌와 감정

피아노 학원으로 가는 길에 길고양이 한 마리가 나타났다. 사람을 무서워하지도 않고, 나랑 눈이 마주치면 쪼르르 달려온다. 나한테 먹을 것도 없는데 다가와 다리에 이마를 비빈다. 아무것도 줄 게 없어 민망해하며 빠른 걸음으로 달아나기를 일주일쯤 반복하다가 오늘은 마음먹고 편의점에서 고양이 간식을 하나 샀다.

그런데 가는 날이 장날이라고, 오늘따라 고양이가 안 보였다. 어디 갔을까 생각하며 주위를 두리번거리는데 어딘가에서 시끄럽게 까치 울음소리가 들려왔다. 까치 소리는 평소에도 많이 들어 대수롭지 않게 생각했는데, 시끄러운 울음소리와 함께 머리 위로 나뭇가지가 후드득 떨어져 위를 올려다봤다. 까치가 아주 요란스럽게 날갯짓하며 울고 있었다. 왠지 흔히 듣는 까치 소리와는 조금 다르게 느껴졌다. 그때 고양이가 눈에 들어왔다!

고양이를 찾으려 두리번거리던 곳에 큰 나무가 있는데, 고양이가 나무 위에 올라가 까치 둥지를 가만히 노려보고 있었다. 유난스럽다고 생각했던 까치의 울음소리는 까치가 진짜로 무서워 내는 소리였다.

그리고 고양이의 표정이나 자세도 평소 내게 와서 들러붙을 때와는 좀 달랐다. 매우 집중하는 표정은 전혀 귀엽지가 않았다. 그런데 평소와 다른 고양이의 모습은 아무것도 아니었다. 오늘의 주인공은 까치였다. 까치가 갑작스럽게 고양이 머리를 차고 날아갔다. 공격한 것이다! 그 순간 고양이의 얼굴이 또 달라졌다. 입을 살짝 벌리고 눈도 동그래지더니, 나무 아래로 얼른 도망쳤다. 고양이와 까치의 감정에 완전히 빠져들어 구경했던 것 같다.

영지의 일기가 정말 생생하고 재밌다. 고양이가 순간적으로 까치의 공격을 받고 도망치는 순간, 영지의 표정은 아마도 고양이의 표정과 똑같지 않았을까? 입을 살짝 벌리고 눈을 동그랗게 뜬 상태의 놀란 얼굴 말이야. 영지는 물론이고 고양이와 까치도 아주 긴장 상태에 놓여 있었던 것 같아. 이렇게 긴장하고, 무서움을 느끼고, 화를 내는 것과 같은 감정은 사람과 동물 모두 느낄 수 있어. 감정을 느끼는 뇌는 어떤 모습일지 살펴보자.

감정을 느끼는 뇌

우리 뇌는 정말 많은 일을 해. 숨을 쉬고 음식을 소화하고 소리를 듣는 것처럼 우리가 세상을 살아갈 수 있게 하는 기본적인 활동부터, 복잡한 수학 문제를 풀고, 보이지 않는 우주에 어떤 것이 있을지 상상하는 것처럼 어려운 사고까지 엄청나게 다양한 역할을 할 수 있어. 뇌가 하는 수많은 일 중 매우 중요한 한 가지가 있는데, 바로 감정을 느끼는 거야.

감정의 종류는 셀 수 없이 많아. '즐겁다'라는 감정 한 가지만 생각해 봐도, 비슷하지만 같지 않은 감정을 얼마든지 떠올릴 수 있지. 행복하다, 기쁘다, 재밌다, 기분이 좋다, 설레다……. 비슷하지만 똑같은 감정이라고 할 수는 없어.

뇌는 어떻게 이렇게 많은 감정을 만들어 내고 느끼는 걸까? 감정의 종류가 얼마나 많은지를 생각해 보면, 다른 일은 하나도 하지 않고 감정을 느끼는 일만 한다고 해도 뇌가 엄청나게 커야 할 것 같아. 뇌에서 감정을 만들어 내는 곳은 어디이고, 감정은 어떻게 만들어지며, 또 어떻게 느껴지는 걸까? 뇌를 자세히 살펴보기 전에 감정의 종류에는 뭐가 있는지부터 이야기해 보자.

감정의 여섯 기둥

폴 에크먼이라는 과학자가 50여 년 전에 여섯 개의 대표 감정을 발표했어. 바로 행복(happiness), 슬픔(sadness), 분노(anger), 공포(fear), 놀람(surprise), 혐오(disgust)야.

사람이 느끼는 감정은 셀 수 없이 많고, 각 감정은 어떻게 표현하느냐에 따라 다르게 느껴질 수도 있어. 실제로 주로 사용하는 언어나 문화적 배경에 따라 더 자주, 더 많이 관찰되는 감정이 다르고, 어떤 감정은 더 세부적으로 구분되기도 해. 그런데 에크먼이 정리한 여섯 개의 대표 감정은 서로 다른 문화적 배경을 가진 사람들에게서 모두 분명하게 구분되었대. 그래서 사람이 느낄 수 있는 여섯 개의 대표적 감정이라고 한 거야.

에크먼 이후에도 수많은 과학자가 감정을 계속 연구했어. 성격을 분류하는 방식이 연구자와 연구 방법에 따라 달라지는 것처럼, 감정도 연구 방법이나 기준에 따라 다양하게 나뉘어졌지. 에크먼도 나중에는 주요한 감정으로 여섯 개의 감정 외에 몇 가지를 추가했고, 어떤 과학자는 사람이라면 모두 느끼는 주요한 감정이 여섯 개가 아니라 스물일곱 개라고 주장하기도 했어. 이 모든 분류 중 맞고 틀린 것은 없어. 감정의 어떤 특징에 더 집중해 어떻게 표현하느냐에 따라 다른 거야.

다른 여러 가지 분류보다 에크먼이 처음에 말했던 여섯 개의 감정이 계속해서 가장 많이, 사람의 '6대 감정'이라고 불리긴 해. 사람이 느끼고 표현하는 거의 모든 감정을 분류할 수 있는 대표적인 것으로 지금까지도 인정받는 거야. 사실, 에크먼이 제시한 여섯 개의 대표적 감정을 조금씩 조합하면 더 복잡하고 다양한 감정을 거의 모두 만들어 볼 수 있기도 하거든. 아니면 사실 간단하고 이해하기 편리해 그런 것일지도 몰라.

누구의 분류가 더 그럴듯한가는 제쳐 두고, 감정 자체에 관한 이야기로 되돌아와 보자. 다만 여기서는 간단하고 가장 많이 언급되는 폴 에크먼의 여섯 가지 감정을 이야기해 보려고 해. 이 여섯 개의 감정이 어떨 때 느껴지는지를 생각해 보거나 실제로 이 감정 자체를 떠올려 보면 각 감정이 아주 다르다는 걸 알 수 있어. 이 여러 감정을 뇌가 만들어 내고 느끼는 방식도 많이 달라. 그런데 신기하게도 이렇게 다른 감정을 만들어 낼 때 항상 관여하는 영역이 있어. 감정의 종류와 상관없이 뇌에서 '감정'이라는 것 자체를 만들어 내는 데 매우 중요한 영역이야.

감정 주머니 변연계

우리 뇌에는 감정을 만들어 내는 '감정 주머니'가 있어. 이 감정 주머니는 딱 한 영역을 가리키는 것이 아니야. 몇 개의 영역이 연결된 구조지. 이곳에서 거의 모든 감정을 만들어 내고, 그 표현으로 뇌와 온몸에서 여러 반응이 나타나게 해. 이 구조의 이름은 '변연계'야. 변연계 구조의 존재 자체는 꽤 오래전에 발견됐어. 변연계를 연구한 여러 과학자 중 제임스 파페즈라는 과학자는 이 구조가 특별히 '감정'과 중요하게 관련되어 있다는 걸 알아냈어. 그래서 감정을 만들고 조절하는 데 중요한 이 구조를 파페즈의 이름을 따 '파페즈 회로(Papez circuit)'라고 부르기도 해.

변연계 구조의 가장 중요한 역할이 무엇일지에 관해서는 여러 가설이 있었어. 실제로 새로운 걸 배우고 기억하는 데에도 중요하고, 생명 활동을 조절하는 데에도 관여하는 영역이긴 해. 파페즈는 그동안 여러 과학자가 연구한 내용을 종합해서 변연계 구조가 감정과 연관성이 있다고 주장했어. 특히 바이러스에 감염돼 변연계의 일부가 제대로 작동하지 못하는 동물이 갑작스럽게 공격성을 띠거나 감정 조절에 문제가 생기는 행동에 주목했지. 변연계 구조가 단순히 기억, 생명 활동 조절 등에만 관여하는 게 아니라 감정에도 핵심적인 역할한다는 사실을 알아낸 거야.

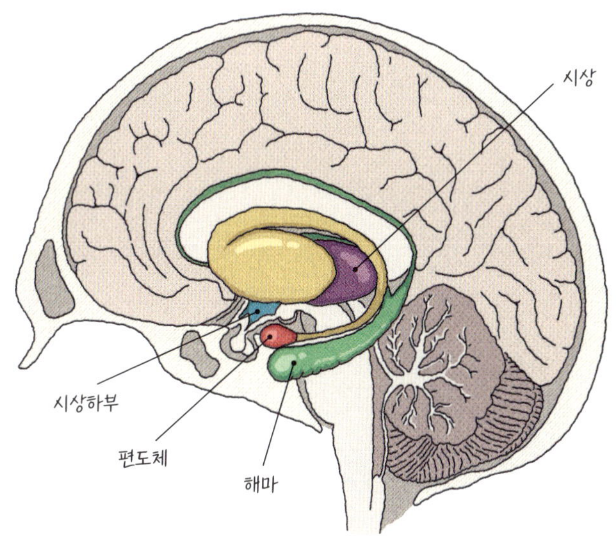

위 그림의 가운데 영역에 색으로 표시된 구조물 전체가 변연계다.

변연계는 측두엽의 시상과 시상하부, 해마 그리고 편도체라는 영역, 이 영역들 간의 연결까지 모두 합쳐 가리키는 이름이야. 특별히 분리된 구조는 아니고 뇌 영역의 일부분이지만, 감정을 만들어 내고 느끼는 것은 물론, 감정을 표현하는 데 이 영역들 사이에 주고받는 신호, 그리고 이 영역들의 각 활성이 매우 중요한 역할을 해. 그 역할의 중요성 때문에 변연계가 다른 뇌 영역과 분리된 구조가 아님에도 불구하고 이 영역을 '감정을 느끼는 뇌'라고 부르기도 해.

변연계는 사람이 아닌 동물의 뇌에도 있어. 동물마다 뇌의 크기나 복잡한 정도가 다르다 보니 생김새나 구조가 완전히 같지는 않지만, 역할과 구조가 꽤 비슷해. 감정을 느끼는 건 생존에 굉장히 중요한 일이라 모든 동물의 뇌에서 그 구조가 유지되어 온 거야.

지금은 세상에 존재하지 않는 고생물인 공룡의 뇌에서도 변연계 구조가 확인됐어. 공룡이 지구 초기에 등장한 생물 중 하나인 만큼, 뇌의 변연계 구조 역시 지구상에 생물이 나타난 초기부터 존재한 굉장히 오래된 구조인 거야. 변연계처럼 파충류인 공룡부터 현시대에 존재하는 동물에게까지 꾸준히 관찰되는 신체 기관은 아주 오래된 구조라는 의미로 '파충류의 ○○'이라고 불러. 변연계는 '파충류의 뇌'라는 별명으로 부르지. 이제 파충류의 ○○이라고 하면 '아, ○○은 지구에 생물이 등장한 시점부터 존재했던 굉장히 오래된 것인가 보다'라고 생각할 수 있겠지?

고양이도 까치도 느끼는 감정

사람이 아닌 다른 동물들도 화를 내거나 무서워하거나 즐거워할 수 있다는 걸 우린 이미 잘 알고 있어. 감정은 사람만 느낄 수 있는 특별한 능력이 아니야. 그런데 뇌 구조가 비슷해도 동물마

다 느낄 수 있는 감정의 복잡한 정도는 아주 달라. 얼마나 다양한
감정을 느낄 수 있는지뿐 아니라 감정을 느끼게 되는 원인도 다
르고, 감정을 표현하는 방식도 매우 다르지.

　오늘 하루 동안 느낀 감정과 그 감정을 느낀 상황을 한번 떠올
려 보자. 그 종류가 엄청 다양하고, 비슷한 감정이어도 그 감정을
느낀 이유가 다르지? 그럼 이번엔 오늘 느낀 감정과 지난주에 느
낀 감정을 비교해 보자. 불과 일주일 전인데 감정의 종류가 오늘과
는 또 다르지? 이처럼 사람이 느낄 수 있는 감정은 그 종류도 깊이
도 매우 다양하고, 감정을 느끼게 되는 원인도 셀 수 없이 복잡해.

　이번엔 영지가 오늘 마주쳤던 까치나 길고양이를 한번 생각해
보자. 영지의 일기장에서 생생하게 봤듯이 까치나 고양이도 감정
을 느끼고 표현해. 하지만 사람과는 기분을 느끼고 표현하는 방
식이 좀 달라. 사람은 배가 불러도 기분이 안 좋을 수 있고, 침대
에 가만히 누워 있다가도 기분이 좋아지거나 나빠질 수 있지. (혹
시 여러분은 안 그래?!) 그런데 까치나 고양이가 배고프지 않게 밥을 잘
먹고 편안한 자리에서 잠을 자다가 갑자기 기분이 변화하는 일은
아마 거의 없을 거야. 사람은 같은 상황에서도 아주 다른 감정을
느끼는데, 다른 동물은 그럴 때가 거의 없어. 사람이 느끼는 것보
다 훨씬 단순하게 감정을 느끼고 표현한다는 걸 쉽게 알 수 있어.
감정을 느끼고 표현하는 목적이나 이유가 조금 달라서 그래.

대다수 동물이 감정을 느끼는 상황, 그리고 뇌의 변연계가 맡은 역할과 목적은 대개 '생존'이야. 생명을 유지할 수 있게 제때 에너지를 공급하고, 외부의 위협을 잘 피하며 안전하고 건강하게 살아남는 것이 가장 중요한, 일순위 목표지. 위협을 받을 때나 필요한 것(주로 배고프지 않고, 고통이 느껴지지 않는 것)이 잘 충족되지 않을 때 동물은 대부분 화를 내. 부정적인 감정을 느끼고 표현하는 거야.

영지가 마주친 까치와 고양이가 감정을 확실하게 표현했던 상황도 그렇지. 자기 둥지나 은신처를 지키려고 까치는 침입자인 고양이를 두고 크게 울기도 하고, 몸싸움을 시도하기도 했어. 그 울음소리와 움직임을 통해 까치가 화가 나고 겁에 질려 있다는 걸 바로 알 수 있었지. 반면 이렇게 서로 대치하는 상황이 아니라 고양이가 평소에 영지에게 와서 이마를 비빌 땐 어때? 배도 부르고, 아픈 데도 없으며, 주위에서 괴롭히고 위협하는 요소도 없던 그때는, 아주 단순하게 기분이 좋았고, 행동이 아예 달라졌지.

이렇게 동물도 여러 감정을 다양한 상황에서 느끼지만, 감정을 느끼는 원인이 대부분 생존과 관련되어 있어. 사람은 생존과 관련되지 않은 상황에서도 다양한 감정을 느끼고, 때론 생존을 위협하는 방향으로 감정을 느끼기도 해. 예를 들어 미술 작품을 보거나 책을 읽으면서 감정을 느끼기도 하고, 부상 위험이 큰 익스트림 스포츠에서 즐거움을 느끼기도 해. 이처럼 인간은 다른 동물보다 좀 더 복잡하게 감정을 느끼고, 표현할 수 있어. 생존이라는 단순한 욕구가 모두 충족되었다고 기분이 항상 좋은 것도 아니고, 욕구가 모두 충족되지 않고 생존이 보장되지 않는 순간에도 행복감을 느끼는 게 인간인 거야.

감정을 만들어 내는 씨앗, 편도체

사람만이 좀 더 다양하고 복잡한 감정을 느낀다고 했지만, 더 복잡한 감정을 느끼려면 단순하고 기본적인 감정부터 잘 느낄 줄 알아야 해. 모든 동물이 느끼는 공통된 감정이 있다는 사실로 다시 돌아가 보자. 까치와 고양이는 내가 느끼는 감정을 다 느끼지 못하지만, 나는 까치와 고양이가 느끼는 감정을 모두 느낀다는 사실에서부터 감정을 차근차근 이해해 보는 거야.

공통된 감정이 존재할 수 있는 것은 뇌에 공통된 구조, 감정 주머니 '변연계'가 있기 때문이야. 앞에서 변연계가 어떤 영역을 포함하는 구조인지 살펴봤는데, 그중 모든 감정을 만들어 내는 데 항상 관여하는 가장 중요한 곳을 살펴볼 거야.

혹시 손원평 작가의 소설 《아몬드》나 BTS 슈가의 노래 〈AMYGDALA〉의 가사를 읽어 본 적 있어? 이 소설과 노래의 제

목이 가리키는 것이 우리가 지금 살펴보려는 바로 그곳이거든. 변연계를 구성하는 주요 영역인 시상, 시상하부, 해마, 편도체 중 바로 '편도체'야. 'amygdale(아뮈그달레)'는 그리스어로 아몬드를 가리키는 말이야. 편도체가 마치 아몬드처럼 한쪽은 둥글고 한쪽은 뾰족하게 생겨서, 아몬드를 가리키는 단어로부터 이름이 지어졌어. 한국어 표현인 편도체의 '편도(扁桃)' 역시 아몬드를 지칭하는 한자어야.

좌뇌와 우뇌 양쪽에 하나씩 존재하는 편도체는 무서움을 느끼는 데 중요한 영역이라고 잘 알려져 있어. 이 영역이 변연계에서 가장 중요하다고 여겨지는데 생존에 가장 중요한 감정이 바로 무서움이기 때문이야. 위협이 있는지 없는지, 지금 고통스럽거나 불편한지 아닌지와 같은 판단은 무서운 감정과 직접 연결되지.

편도체의 기능을 더 정확하게 이해하려고 편도체 영역이 없어지면 동물의 행동이 어떻게 변하는지 확인해 본 과학자가 있었어. 편도체가 제거되거나 사고로 손상된 동물의 행동을 관찰해 봤더니 대체로 겁이 없어진 것 같은 행동을 보였대. 편도체가 무서움을 느끼는 데 중요한 영역이니까 너무 당연한 것 같지? 그런데 그 행동을 좀 더 면밀히 살펴봤더니 단순히 '겁이 없어졌다'라고 표현하기보다는 '감정이 없어졌다'라고 해야 할 것만 같았어. 어떤 행동이 나타났는지 살펴보자.

편도체가 없어지면 어떻게 될까?

편도체는 뇌의 옆면, 그러니까 측두엽에 있어. 1939년에 하인리히 클뤼베와 폴 뷔시라는 두 과학자는 측두엽 영역이 전체적으로 제거된 원숭이의 행동을 관찰해 편도체가 없거나 제 기능을 하지 못할 때 행동에 어떤 변화가 일어나는지 알아냈어.

원숭이는 쉭쉭거리는 뱀을 보면 본능적으로 놀라 피하거나 무서워해. 그런데 측두엽이 손상된 원숭이는 뱀이 무섭게 공격하는데도 아무 감정이 없는 양철 로봇이라도 된 것처럼 뱀을 덥석 잡으려고 했어. 그리고 아무거나 입에 막 집어넣기도 했지.

뱀뿐 아니라 새로운 것을 보면 이것이 위험할 수 있다고 생각하고 경계하는 건 모든 동물의 본능이야. 확실히 확인하기 전에 입에 넣었다가 독이라도 있으면 바로 생명을 잃을 수 있다는 두려움은 뇌에 새겨져 있거든. 원숭이는 물론이고 동물 대부분이 처음 보는 것을 덥석 먹는 경우는 거의 없어. 그런데 측두엽이 없어진 원숭이는 아무것도 무서워하지 않았어. 그렇다고 새로운 물체를 탐색하면서, 무서움과 반대되는 감정인 기쁨, 즐거움을 느끼지도 않았지. 단순히 겁이 없어진 것이라기보다 감정을 느끼지 못하고 새롭거나 움직이는 대상에 본능적인 궁금증, 감각적인 반응만 남은 것처럼 보였어.

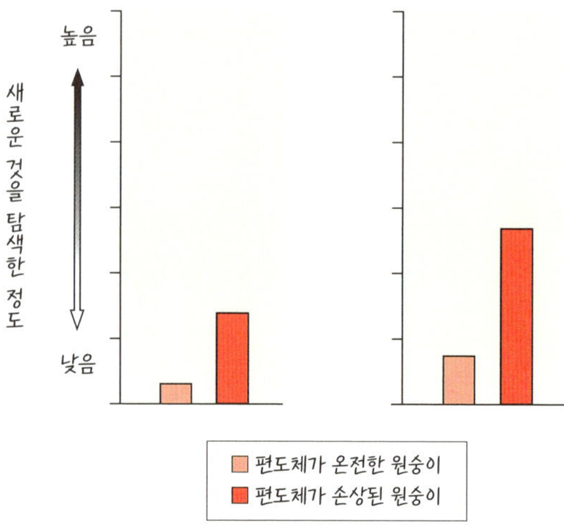

편도체가 온전한 원숭이와 편도체가 손상된 원숭이의 반응 비교.[6] 왼쪽 그래프는 새로운 물체에 직접 다가가는 방식으로 탐색할 때, 오른쪽 그래프는 입에 직접 넣어 보는 방식으로 탐색할 때를 나타내며, 그래프가 높을수록 더 많이 탐색한다는 의미다.

더 자세한 연구가 이뤄지고 나니 이 원숭이들의 뇌에서 손상된 측두엽 영역 중 '편도체'가 없어진 것이 이런 행동 변화에 가장 큰 영향을 줬다는 사실이 드러났어. 이 관찰 결과는 편도체의 기능을 처음으로 밝혀낸 중요한 연구야. 이후에 편도체가 손상되거나 제대로 기능하지 못해 나타나는 이상 행동을 '클뤼베-뷔시 증후군'이라고 부르게 되었어. 클뤼베-뷔시 증후군의 특징은 감정 반응이 제대로 나타나지 않는 거야. 무서워하지도 않고 화내지도 않을 뿐 아니라 즐거움도 느껴지지 않는데 덥석 뱀을 잡고, 무엇이든 입에 넣으려던 원숭이처럼, 감정을 아예 잃어버리는 거지.

표정을 읽는 편도체

동물이 감정을 표현하는 방식은 소리나 몸짓도 있지만 표정도 있어. 사람을 포함한 동물은 무섭고 놀라면 동공이 확장되면서 눈이 커져. 또 무서울 때의 표정처럼 다른 동물에게서도 확연하게 드러나지는 않지만, 사람은 즐거우면 웃기도 하고 슬프면 눈물을 흘리기도 하지. 이렇게 다른 감정을 느낄 때 눈썹이나 눈, 입의 형태가 확연하게 달라진다는 걸 우린 알아.

그런데 어떻게 표정만으로 감정을 파악하는 것이 가능할까? '이 표정은 이런 감정이야'라고 누군가 알려 주지 않아도 우리는 기쁨을 표현하려고 본능적으로 웃음을 짓고, 마음에 들지 않을 때는 얼굴을 찌푸려. 이런 표정의 의미는 어디서 배워야 하는 것이 아니라 본능적으로 뇌에서 알아볼 수 있기 때문인데, 그 역할 역시 편도체가 해. 서로 다른 표정에 다르게 반응을 보이고, 그에 따라 감정적으로 반응할 수 있게 하는 거야.

클뤼베와 뷔시가 확인한 원숭이의 행동은 단순히 겁이 없어진

게 아니라 감정이 사라진 것처럼 보였다고 했는데, 사람에게서도 편도체가 두려운 감정뿐 아니라 감정 전반을 느끼는 데 중요하다는 사실을 확인한 연구가 있어.

이 연구에서는 피험자들에게 여러 가지 감정이 드러나는 표정을 보여 주고, 편도체의 활성도를 확인했어. 그리고 행복한 표정을 봤을 때와 공포스러운 표정을 봤을 때를 비교해 봤더니 공포스러운 표정을 봤을 때 편도체가 더 많이 반응을 보였어. 편도체가 무서움을 느끼는 데 중요한 역할을 한다는 사실을 확인할 수 있지.

감정과는 아예 무관한 대상을 볼 때 편도체는 어떻게 반응할까? 연구자들은 사람 얼굴과 사람 얼굴과는 무관한 사진을 볼 때 편도체의 반응도 함께 비교해 봤어. 얼굴과 무관한 사진으로는 집이 있는 풍경 사진을 보여 줬어. 그랬더니 공포스러운 표정이든 행복한 표정이든, 사람의 얼굴을 볼 때에 비해 편도체의 반응이 현저하게 떨어졌어. 그러니까 편도체는 무서운 감정에 더 많이 반응하긴 했지만, 모든 종류의 '감정'에 반응을 보이는 곳이라는 거야.

편도체가 변연계에서 가장 중요한 영역인 또 하나의 이유가 바로 이거야. 이곳이 '무서움'이라는 감정 하나만 단순하게 느끼는 곳이 아니라는 사실이지. 무서움이라는 감정을 기반으로 우리가

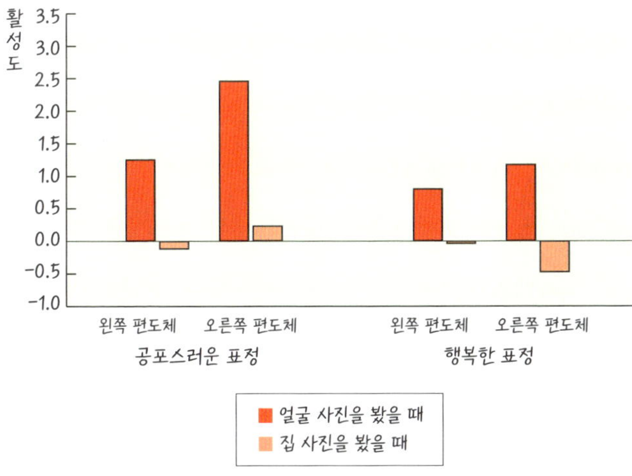

피험자에게 표정이 드러난 얼굴 사진과 집 사진을 보여 줬을 때, 왼쪽과 오른쪽 편도체의 활성도를 나타낸 그래프[7]

느끼는 수많은 감정을 모두 조절하는 아주 놀라운 영역인 거야.

아주 복잡하고 미묘한 감정을 편도체라는 단 하나의 영역에서 만들어 낸다니 정말 놀랍지? 그런데 감정을 만들어 내고 상대방의 감정을 이해하는 것만큼 중요한 건 감정을 어떻게 표현하느냐야. 특히 사람은 생존을 넘어 복잡한 의사소통의 수단으로 감정을 쓰니까 감정의 표현이 아주 중요해. 이건 다음 장에서 좀 더 살펴보자!

7. 이성적인 사람이 되고 싶어!

감정 조절

오늘 들은 기분 좋은 말: 이성적이게 된 민지!

더위를 잘 타는 나는 여름을 좋아하지 않는다. 올해도 이렇게 또 여름이 왔고, 푹푹 찌는 날씨에 땀이 한 방울 흐를 때마다 기분은 한 단계 더 나빠진다. 단순히 날씨로 인해 감정이 변하는 게 이상하다고, 내가 감정적인 편이라고 생각한 적도 종종 있다. 근데 오늘 엄마가 내가 선풍기 앞에서 멍하니 앉아 있는 걸 보고 웃으시면서 이제 좀 이성적이게 됐다고 하시는 거다. 아주 어릴 때 땀이 나면 난 마구 울었다고 한다. 땀이 난다고 엉엉 울다니……. 지금 생각하면 좀 어이가 없기도 하다.

그런데 중요한 건, 지금은 그렇지 않다는 거다. 요즘도 소설이나 영화를 보다가, 또 친구 이야기를 듣다가도 다른 사람보다 쉽게 울어 버리지만 말이다. 그냥 이건 뭔가 공감을 잘하는 사람이라는 뜻이지, 감정 조절을 잘 못하는 건 아니지 않나 싶다. 어릴 때는 단순히 덥다는 이유로 울기까지 했는데, 지금은 그렇지 않으니까 분명히 감정을 조절하는 힘은 더 커진 게 맞다.

그런데 감정을 잘 조절하고 이성적인 사람들은 어릴 때부터 다 그랬을까? 아니면 그 사람들 모두 나처럼 감정을 잘 조절하지 못하고 마구 분출하는 어린 시절을 겪었을까?

감정을 잘 느끼지 않는 사람이 되고 싶은 건 아니다. 다른 사람이나 상황에 공감을 잘하는 건 스스로 생각하는 내 장점이기도 하다. 감정을 풍부하게 느낄 수 있지만, 원하는 만큼만 감정을 느끼고, 잘 조절하는 사람이 되고 싶다. 그게 이성적이고 어른스러운 사람일 것 같다.

민지의 일기가 정말 어른스럽게 느껴진다. 어른스럽다는 건 어떤 걸까? 감정을 느끼는 것과 조절하는 것, 표현하는 것 모두 다른 이야기일까? 감정은 뜨겁다, 차갑다 같은 감각처럼 느껴지는 그대로 표현하면 안 되는 건지도 같이 생각해 보자. 그 전에, 감정을 만드는 원인에는 어떤 게 있는지부터 살펴보자.

감각은 감정의 재료

변연계는 앞에서 살펴본 편도체 외에 해마, 시상과 시상하부, 그 영역들 사이의 연결을 통틀어 부르는 이름이야. 뇌에서 감정을 느끼는 데에 편도체뿐 아니라 해마, 시상, 시상하부도 매우 중요한 역할을 해.

시상은 감각 정보를 종합하는 곳이야. 눈으로 보는 시각 정보, 손과 피부로 느끼는 촉각 정보는 물론 외부 환경으로부터 전달된 모든 감각이 시상으로 모여. 우리가 외부로부터 받아들인 모든 감각 정보는 주변 환경을 파악하고, 그에 대한 감정적인 반응을 만들어 내는 재료가 돼.

감각 자극의 종류는 아주 다양해. 각 감각 기관으로부터 우리는 매 순간 수많은 자극을 받아들여. 그런데 외부 환경의 변화나 자극을 잘 느끼는 것보다 더 중요한 것은 그에 대한 반응, 그러니까 적절한 감정을 느끼는 거야. 자극이 어떤 의미인지, 몸에서 그 감각을 어떻게 받아들여야 하고 거기에 어떻게 반응해야 하는지를 이해할 때 적절한 감정을 만들어 낼 수 있어.

감각을 이해하고 어떤 감정을 느낄지 판단하는 것은 뇌의 겉 부분인 피질에서 하는 중요한 일이야. 이런 판단을 내리려면 감각 기관에서 출발한 여러 감각 정보가 대뇌 피질까지 잘 전달되어야 해. 그런데 대뇌 피질은 자극을 받아들이는 것 외에도 여러 중요하고 어려운 결정을 많이 내리는 곳이라 수많은 감각 자극을 이해하고 판단하려면 누군가의 도움이 필요해. 이때 정보를 정리하고 전달해 주는 역할을 시상이 맡아.

우리 몸의 여러 부분으로부터 받아들인 자극이 개별적으로 다 전달되기보다 비슷하거나 연관된 원인에 의해 만들어진 감각 자극을 시상이 한 번에 종합해 전달해 주면 대뇌 피질이 상황을 이해하기가 훨씬 빠르고 편리하겠지? 시상이 정리해 전달한 정보를 받아 본 대뇌 피질은, 그 모든 감각 자극에 대해 좋거나 나쁜 감정 반응을 만들어 내.

기억이 불러오는 감정

감각 정보 외에도 감정을 만들어 내는 데 중요한 재료가 있어. 바로 기억이야. 기억은 해마가 만들고 저장하는데, 직접 보고 듣는 것처럼 형태가 있는 자극뿐 아니라, 머릿속에서 생각하고 느끼는 것처럼 형태가 없는 것에서도 만들어져. 감각을 직접 느끼는 감각 기관에서 출발한 신호, 시상에서 종합된 감각 정보는 물론이고, 뇌의 거의 모든 영역에서 해마로 신호를 보내.

해마로 신호를 보내는 중요한 영역 중 하나가 바로 편도체야. 우리가 느낀 감정 역시 아주 중요한 기억으로 저장되거든. 편도체에서 감정을 느끼면, 그 신호는 바로 해마로 전달돼 '이런 일에는 이런 감정이 느껴진다'라는 기억이 형성돼. 이렇게 신호를 받아 기억을 만든 해마는, 다른 영역으로 신호를 보내 감정적인 반응이 나타나게 해. 이렇게 해마에서 감정에 관한 기억을 만들어 두면, 다음에 비슷한 일이 일어났을 때 전에 느꼈던 것과 유사한 감정을 더 강하고 빠르게 느끼게 되는 거지.

뜨거운 김을 뿜어 내면서 보글보글 끓는 냄비 속의 뜨거운 물을 한번 떠올려 보자. 그 냄비나 물에 손을 가져다 대는 상상을 하면 뜨겁고 아픈 감각이 떠오를 거야. 동시에 무섭고 싫은 감정도 들겠지? 외부에서 실제로 아무 자극도 없었지만, 우리는 보글거리며 끓는 물, 하얗게 솟아오르는 김이 뜨겁다는 사실을 알아. 이전에 직접 뜨거운 물이나 냄비를 만져 본 경험이 있었을 수도 있고(없길 바라!), 듣거나 보는 경험을 통해서도 알게 되었을 거야. '안다'라는 건 해마에 기억으로 기록되어 있다는 뜻이거든. 이렇게 뜨거운 냄비나 끓는 물에 직접 손을 가져다 대지 않았지만, 해마에 저장된 기억이 신호를 보냄으로써 상상만 해도 뜨거운 감각과 '아프고 싫다', '무섭다'와 같은 감정이 만들어지는 거야. 기억 또한 감정의 중요한 재료라는 게 생생히 이해되지?

이성의 피질

감정을 이야기할 때 항상 같이 떠올리는 게 이성이야. 가끔 감정과 이성이 서로 반대되는 것처럼 생각될 때도 있는데, 사실 감정과 이성은 서로 대치되는 게 아니야. 오히려 이성은 감정을 더 잘 느끼고 이해할 수 있게 도와주는 힘이지.

같은 상황에서도 사람마다 느끼는 감정은 다를 수 있고, 같은 감정을 느낀다고 해도 그 깊이나 세기에 차이가 있을 수 있어. 감정을 얼마나 다양하게 느끼는지, 자극이 왔을 때 감정적인 반응이 얼마나 빨리 많이 나타나는지, 한번 감정을 느끼면 그 반응이 얼마나 오래가는지는 사람마다 모두 달라. 온천탕 속 물의 온도는 같은데, 그 물이 얼마나 뜨겁다고 느끼는지는 사람마다 다른 것처럼, 애초에 받아들이는 자극의 정도가 다른 것도 하나의 원인이야. 하지만 앞에서 살펴본 것처럼 해마나 시상이 자극을 종합해 피질로 전달한 뒤, 피질이 그 자극에 어떻게 반응할지 결정하는 데에 차이가 있어서 사람마다 감정을 느끼는 정도가 크게 달라지게 돼.

피질 중에서도 특히 전전두피질 부분이 감정을 느끼고 그에 따른 신체적 반응을 일으키는 데 중요한 역할을 해. 그래서 변연계 구조에 전전두피질을 포함하기도 해. 전전두피질 영역은 우리가 태어나 어른이 되기까지 뇌에서 가장 많이 변화를 일으키고 발달하는 곳이야. 이 부분이 많이 발달할수록 우리는 감정을 더 풍부하게 느낄 수 있어. 똑같은 자극이 주어졌을 때, 그 감각을 더 깊이 이해하고, 다양한 시각으로 바라보고 해석할 수 있다면 그만큼 더 풍부한 감정을 만들어 낼 수 있는데, 전전두피질이 잘 발달해야지 그럴 수 있거든.

온몸으로 표현되는 감정

시상이 종합해 정리한 감각 정보, 또 해마에서 전달한 기억 정보를 받은 대뇌가 어떤 감정을 느끼겠다고 결정하고 나면, 그 결정은 온몸으로 어떻게 전달될까? 머리로 그 감정을 이해하는 것도 중요하지만, 우리가 느낀 감정은 신체적 반응을 통해서도 나타나. 그래서 온몸으로 감정이 전달되는 일도 매우 중요해. 감정을 느꼈을 때 신체적 반응이 일어나게 하는 곳은 바로 시상하부야. 시상하부는 이름에서도 알 수 있듯이, 시상이라는 구조의 아래쪽에 있어.

신경은 머리끝부터 발끝까지 온몸 구석구석에 퍼져 있는데, 크게 자율 신경계와 체성 신경계로 나눌 수 있어. 근육이나 관절과

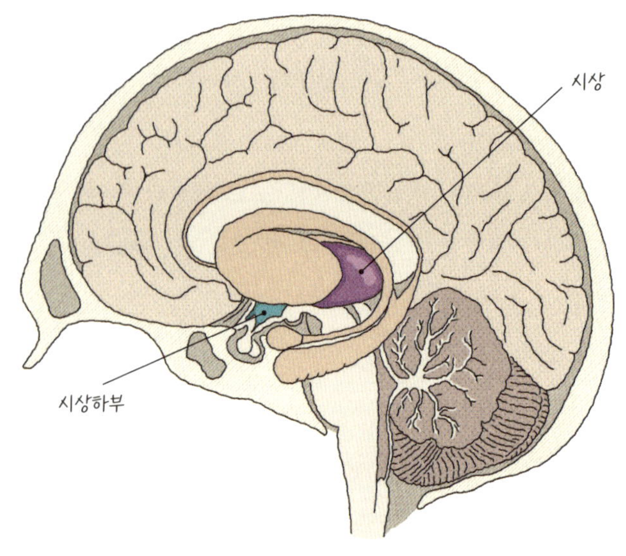

시상(보라색 영역)과 시상하부(파란색 영역)

같이 물리적인 움직임을 일으키는 운동 신경과 감각을 느끼는 감각 신경을 체성 신경계로 분류해. 체성 신경계의 작용은 우리가 의지로 조절하는 것이 어느 정도 가능하고, 어떻게 작용하는지를 겉으로 확인할 수도 있어. 반면 자율 신경계는 의지로 조절하기 어렵고, 작동하는 모습이 겉으로 잘 드러나지도 않아. 내가 마음대로 조절하기보다 스스로 작동하는 신경이라서 이름도 '자율' 신경계야. 자율 신경계로 구분되는 신경은 주로 우리 몸속에 있는 조직을 움직여. 심장이 뛰는 것, 위와 장이 움직여 음식물을 소화하고 흡수하고 우리가 화장실에 가고 싶게 만드는 것, 호르몬이 분비되는 것 모두 자율 신경계가 조절하는 일이야.

이 자율 신경계를 조절하는 것이 바로 시상하부야. 시상하부는 해마나 대뇌 피질로부터 전달된 신호에 따라 자율 신경계의 활성을 조절해. 시상하부는 감정을 느낄 때 그 반응이 온몸에서 나타나게 하는 데 감독의 역할을 하는 곳인 거지. 우리가 즐겁고 편안한 감정을 느낄 때 심장 박동이 차분해지고 긴장이 풀린다든지, 무서울 때 동공이 커지고 온몸의 털이 쭈뼛이 선다든지, 너무 슬플 때 눈물이 흐른다든지 하는 반응 모두 시상하부의 감독 아래 일어나는 일이야. '지금은 이런 감정을 이만큼 느끼겠어'라고 피질에서 결정이 내려지면 시상하부가 이 신호를 받아 자율 신경계를 통해 우리 몸 구석구석에 전달하고 그 감정에 맞는 적절한 반응이 일어나게 하는 거야.

감정을 조절하는 힘

감정을 깊고 다양하게 느끼는 것만큼 중요한 건 잘 표현하는 거야. 시상하부 덕분에 우리는 감정을 느낄 때 온몸으로 그 감정을 표현하게 돼. 하지만 느끼는 감정을 항상 모두 겉으로 표현한다면 곤란한 상황에 놓일 거야. 친구들 앞에서 갑자기 큰 소리로 울거나 얼굴이 심하게 빨개지거나 몸이 부들부들 떨리면 좀 창피할 수도 있을 것 같아. 실제로 학교에서 이런 친구를 본 적은 별로 없지? 학교에서 화가 나거나 슬픈 일이 절대로 생기지 않는 건 아닌데 말이야. 신체적 감정 반응을 일으키는 자율 신경계는 의지만으로 마음대로 조절하기가 어렵다고 했는데, 사실은 자율 신경계를 조절할 수 있는 비밀이 있었던 걸까?

우리가 아주 어렸을 때를 한번 돌아보자. 동생이 있다면 동생의 모습을 떠올려 봐도 좋을 것 같아. 아기들은 말도 잘 못하고, 자기가 어떤 감정을 느끼는지도 잘 모를 것 같은데 조금만 좋아도 소리를 내거나 입을 크게 벌리면서 웃고, 마음에 들지 않거나 불편한 게 있으면 얼굴이 새빨개지고 울거나 소리를 지르기도 해. 어린아이일수록 오히려 감정을 더 생생히 느끼고, 있는 그대로 표현하는 것 같아.

우리 뇌는 어떤 감정을 어느 정도로 느끼겠다고 결정할 때 이 감정을 지금 얼마나 표현해도 될지, 좀 더 참아야 할지 같은 것도 함께 결정해. 이 모든 결정이 대뇌의 전전두피질 부분에서 내려져. 전전두피질은 뇌 영역 가운데 가장 많은 변화와 발달이 일어나는 곳이라고 했는데, 특히 청소년기를 지날 때 가장 많이 발달하는 곳이야. 아주 어릴 때는 전전두피질이 충분히 발달하지 않아서 감정을 조절하지 못하고 주위에서 자극이 주어지는 대로 강하게 표현하게 돼. 하지만 청소년이 된 이후로는 전전두피질이 점점 발달하면서 주위 상황을 고려하거나, 의지에 따라 감정을 잘 조절할 수 있게 되는 거야.

비슷한 상황과 자극이 주어지고 해마와 시상, 편도체에서 거의 똑같은 신호가 전달되었다고 해도 피질이 어떻게 판단을 내리느냐에 따라 우리는 감정을 다르게 느끼게 돼. 전전두피질이 더 많이 발달할수록 어떤 감정을 얼마나 느낄지 판단하는 데 고려할 요소가 많아지거든. 더 발전된 AI일수록, 한 번에 더 많은 정보를 처리하고 복잡한 결론을 내릴 수 있는 거랑 마찬가지야.

전전두피질에서 어떤 자극과 환경의 변화가 엄청 큰 영향을 줄 거라고 판단한다면, 우리는 감정을 매우 강하게 느끼게 될 거야. 느낀 감정이 표정이나 몸짓처럼 겉으로도 매우 분명하고 크게 드러날 거고. 너무너무 슬퍼 눈물이 멈추지 않고 흐르거나, 너무 웃겨 복근이 당길 정도로 입을 크게 벌리고 소리 내어 웃었던 경험 있지? "이건 감정의 대홍수야!!"라고 피질이 온몸 구석구석까지 들리게 소리치는 거야.

반면 과거에 비슷한 상황에서 감정을 강하게 느꼈다고 해도, 지금은 그때만큼 감정에 휩쓸리거나 그걸 겉으로 표현해 도움이 되지 않는다고 판단하면 전전두피질은 감정을 억제하고 차분하게 이성적인 반응을 하자고 할 거야. "지금은 좀 참을 수 있어. 이 감정은 금세 지나갈 거고 상황도 해결될 거야"라며 온몸의 신경을 진정시키는 거지. 슬프거나 화날 때 속으로 감정을 억누르려고 노력했던 경험 있지? 또 아무리 누가 날 웃겨도 별로 웃음이 나지 않던 경험도 있을 거야. 감정을 일으키는 어떤 자극이 와도 전전두피질이 '이건 그다지 감정을 크게 느낄 만한 상황은 아니야'라고 판단을 내리면 작고 약한 감정만 느끼게 되는 거야. 전전두피질이 잘 발달할수록 우린 좀 더 차분해지고, 감정을 더 잘 조절한 뒤에 표현할 수 있게 될 거야.

감정을 함께 느끼는 순간, 공감

내가 감정을 잘 느끼고 표현하는 것만큼 다른 사람의 감정을 이해하는 것도 중요해. 이런 능력은 다른 동물에게서는 사람만큼 발달되어 있지 않아. 우리가 사람이라 가지는 특별한 능력인 거지. 감정이 만들어지려면 외부에서 감각이 주어지거나 마음속, 그러니까 뇌에서 어떤 기억이 떠오르거나 해서 자극이 발생해야 한다는 걸 앞에서 이야기했어. 그런데 사람은 사실 안이나 밖에서 직접 자극이 주어지지 않더라도 감정을 느낄 수 있어.

책을 읽거나 영화를 볼 때 등장인물의 마음이 너무 이해되고, 나도 그 상황에 놓인 것 같이 생생한 감정을 느껴 본 적 있어? 또 친구의 이야기를 들으면서 친구가 겪은 경험을 나는 경험한 적이 없는데도 불구하고 친구와 비슷한 감정을 느낀 적이 있을 거야. 심지어 내가 느끼는 감정과 친구가 느끼는 감정이 완전히 다를 때에도 친구가 느끼는 감정을 이해할 수도 있어.

외부로부터 감정을 유발하는 직접적인 자극이 있거나 자극으로 인해 내 경험을 상기하게 되었을 때, 편도체와 시상, 해마가 피질로 신호를 보내면서 감정이 만들어진다고 했어. 그런데 책이나 영화, 친구 이야기는 내 경험이 아니고, 또 감각 자극인 것도 아닌데 어떻게 이야기를 듣는 것만으로도 감정을 느낄 수 있을까? 친구나 책 속의 이야기가 내가 한 경험과 비슷해 해마가 신호를 보내 준 걸 수도 있어. 그런데 내가 지금 느끼는 것과 다른 감정까지 이해할 수 있는 건 어떻게 가능한 걸까? 바로 우리 뇌가 '공감'을 통해서도 감정을 느끼기 때문이야.

마음의 이론과 측두두정정합

공감을 하려면 가장 중요한 것이 다른 사람과 내가 다른 생각

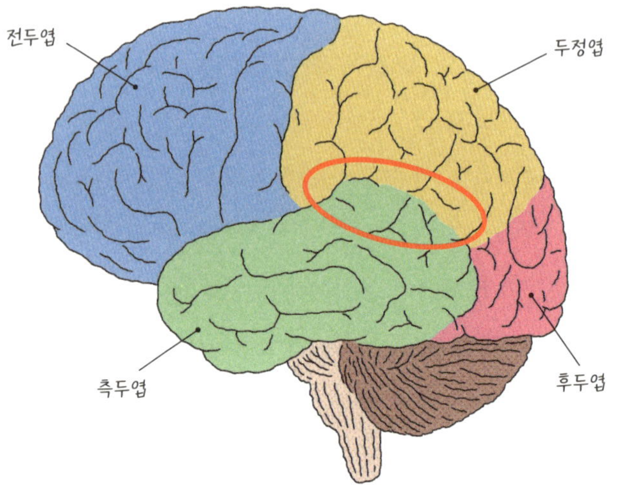

뇌의 옆쪽 덩어리인 측두엽과 위쪽 덩어리인 두정엽의 경계인 '측두두정접합'. 그림의 빨간 동그라미 영역이다.

을 가진다는 걸 이해하는 거야. 같은 음악을 듣거나 같은 음식을 먹더라도 사람마다 그 음악이나 음식을 다르게 느낄 수 있다는 사실 말이야. 이걸 모르는 사람이 어디 있냐고? 놀랍게도, 실제로 있어. 그리고 잘 기억나지 않겠지만, 우리도 세 살이나 네 살 정도로 아주 어렸을 때는 이걸 잘 몰랐어. 다른 사람이 나와 다른 생각을 한다는 걸 이해하려면 뇌가 충분히 발달해야 하는데, 다섯 살 정도가 되어야 뇌가 나와 타인이 다르다는 사실을 이해할 준비가 되기 때문이야.

　이렇게 나와 다른 사람이 각자 분리된 마음을 가지고 있고, 각자의 마음이 완전히 다르게 작동한다는 사실을 아는 것을 '마음의 이론'이라고 해. 내 생각이 다른 사람과 다르다는 걸 이해하는 부분은 측두엽과 두정엽이 만나는 곳에 있어. 이곳에 있는 신경 세포들은 다른 사람이 지금 나와 다른 생각과 감정을 가진다는 걸 이해하고, 내가 처한 상황과 다른 사람이 처한 상황을 분리해 생각할 수 있는 힘을 줘. 그 덕분에 우리는 직접 겪지 않은 상황이어도 이해하고 공감할 수 있고, 또 나와 다른 감정인 친구의 마음을 헤아려 볼 수도 있는 거야.

8. 친구가 슬프면 나도 슬퍼

눈치

하루 종일 마음이 피곤한 날이었다. 아침에 학교에 가자마자 평소와 다름없이 유리에게 반갑게 인사를 했는데, 유리가 너무 슬픈 얼굴로 나를 쳐다보았다. "안녕" 하고 인사는 해 주었지만, 평상시와 달리 목소리가 들릴 듯 말 듯하게 작았다. 무슨 일이 있는 건지 모르겠지만 즐거운 이야기를 하면서 웃을 수 있는 상태가 아닌 건 확실했다. 유리의 표정에서 좋지 않은 기분이 너무 생생하게 느껴져 무슨 일이 있는지 물어보는 게 무서웠던 나는 오전 내내 눈치를 봤다. 점심시간에 유리와도 친한 옆 반 서영이를 찾아가 유리의 상태를 설명했다. 그런데 서영이도 이유를 전혀 모르겠다고 했다. 우리는 어리둥절해하며 복도에서 창문 너머로 유리의 표정을 몰래 훔쳐봤다.

힐끔거리다 서영이를 봤는데 갑자기 눈물을 줄줄 흘리고 있었다. 유리의 슬픈 표정을 보다 보니 눈물이 난다고 했다. 서영이가 우니까 나도 덩달아 눈물이 흐르기 시작했다. 우리 둘은 그대로 바닥에 주저앉아 눈물을 닦았다. 아, 나는 감정적인 사람이 아닌데 너무 친한 친구이다 보니 이유도 알 수 없는 유리의 감정에 전염되어 버린 것이다. 표정에 드러난 감정을 보는 것만으로 말이다.

감정이 전염된다는 말을 절대 믿지 않는다고 말하고 다녔는데, 오늘로 이 말은 취소다. 그나저나 유리는 왜 그렇게 슬펐던 걸까? 그냥 말을 좀 해 주면 안 되나? 유리가 기분이 다시 좋아져 밝은 감정이 전염되기 전까지 나는 계속 슬플 것 같다. 차라리 내가 눈치 없는 사람이라면 좋겠다. 눈치는 왜 생기는 거지?

영지의 사례처럼, 친구가 이유는 설명해 주지 않고 왠지 모르게 슬프거나 화난 표정을 지을 때나 길을 가다 마주친 사람들 무리가 어느 곳을 보면서 깔깔거리며 웃고 있을 때를 한번 떠올려 봐.

두 경우에 다른 사람이 어떤 감정을 느끼는지 설명하는 건 하나도 어렵지 않지? 첫 번째는 표정을 묘사할 때 이미 '슬프거나 화난 표정'이라는 말을 썼으니 너무 분명해. 두 번째는 어때? 사람들이 깔깔거리며 웃는다는 건 즐겁고 재밌다는 감정이 분명하겠지.

이렇게 다른 사람이 어떤 감정을 느끼는지는 얼굴을 보는 것만으로 분명하게 알 수 있어. 그런데 그들이 왜 그런 감정을 느끼는지도 알 수 있을까? 아마 여러분은 지금 이런 생각을 머릿속에 떠올렸을 거야. "말을 안 하는데 어떻게 알아?" 어때, 내 눈치가?

다른 사람의 기분을 눈치채기

만약 사람들이 자기가 지금 어떤 감정을 느끼고, 그 감정을 느끼는 이유가 무엇인지 매번 자세히 말로 설명해 주면 서로 오해가 생길 일은 아마 지금의 절반 정도로 줄어들지도 모르겠어. 말로 설명하는 일은 돈이 들지도 않고 간단한 일인데, 왜 우리는 서로 자신의 감정을 말로 잘 설명하지 않고 짐작하고 또 오해하고 마는 걸까?

상대방이 내 감정을 잘 이해할 수 있게 말로 설명하려면 먼저 내가 어떤 감정을 왜 느끼는지를 잘 알아야 하는데, 자기 감정을 명확히 이해하는 게 쉬운 일이 아니라 그래. 내 감정을 명확히 알 수 없는 때가 매우 많을 뿐 아니라 이걸 말로 설명하기는 더 어렵지. 그리고 감정은 갑작스럽게 느껴지기도 하고 계속해서 미묘하게 달라질 수 있다는 점도 중요한 이유야. 순간순간 달라지는 모든 감정을 매 순간 말로 설명하다 보면 온 세상이 엄청나게 시끄러워질 수도 있지 않을까? 매번 바뀌는 자기 감정을 다른 사람들에게 말로 자세히 설명하는 일은 생각보다 비효율적인 방법일지도 몰라.

사회적 동물

그럼에도 불구하고 다른 사람의 의도나 기분을 파악하는 건 여전히 매우 중요해. 상대방이 나에 대해 느끼는 기분을 잘 파악하지 못하면 '눈치 없는 사람'이라는 이야기를 들을지도 몰라. 사실 눈치는 다른 사람이 필요로 하는 것을 말하기 전에 알아채고 해결해 주는 데 필요한 능력이 아니라 나 자신이 잘 살아남는 데 필요한 능력이거든. 내가 화난 얼굴이거나 슬픔에 빠진 얼굴일 때 누군가 갑작스럽게 다가와 즐거운 이야기를 꺼내면 어떨까? 눈치 없는 사람이라는 생각이 바로 들지. 아마 그 사람과는 친하게 지내지 않고 멀리하고 싶어질 거야. 이렇게 눈치 없는 사람은 친구들 사이에서 인기가 많은 편도 아닐 것 같아.

누군가가 자신의 기분이나 상태를 말로 설명하지 않더라도 우리는 상대의 기분을 어림짐작하고 어떤 태도로 그 사람을 대할지 결정할 필요가 있어. 이건 사회에서 다른 사람과 좋은 관계를 유지하면서 살아가려면 꼭 필요한 능력이야. 비단 사람만의 이야기는 아니야. 야생에 사는 동물도 마찬가지지. 상대방이 화가 많이 나 있는데 함부로 가까이 다가갔다가는 공격을 당할 수도 있을 거야.

나와 관계를 맺는 상대가 직접 표현하는 감정이 아니라도 다른 누군가의 감정을 파악하는 '눈치'는 사회를 살아갈 때 매우 중요하고, 또 유용한 능력이야.

인간은 대표적인 사회적 동물이야. 혼자 살아가기보다 무리를 짓고 사회를 구성해 살아가지. 완전히 홀로 살아가는 동물도 있어. 표범이나 치타가 독립적으로 생활하는 대표적인 동물이야. 사람처럼 무리를 지어 살아가는 사회적 동물에는 코끼리나 하이에나가 있어. 이런 사회적 동물은 독립생활을 하는 동물보다 '눈치'가 더 많이 필요해. 눈치는 같은 사회에 속해 살아가는 다른 개체들과 더 좋은 관계를 맺고 유지할 수 있게 해 주는 능력이야. 관계를 잘 유지하지 못하거나 적응하지 못하면 사회에서 쫓겨나는 최악의 상황이 벌어질 텐데, 사회적 동물이 혼자 살아가기란 쉽지 않거든.

관계를 유지하는 것만큼 중요한 눈치의 기능이 있어. 우리가 어떤 일을 직접 경험해 보기 전부터 많은 정보를 얻을 수 있게 도와주는 거야. 예를 들어 어떤 음식점에 들어갈까 말까 하고 고민하는데 유리창 너머로 보이는 사람들의 표정이 별로 좋아 보이지 않는다면 어때? 그 가게의 음식이 그다지 맛있지 않거나 음식은 괜찮아도 어떤 이유에서 그 음식점에 있는 것이 불편하다고 짐작할 수밖에 없을 거야. 이것은 동물도 마찬가지야. 새로운 먹을거리를 발견했는데, 다른 개체가 이걸 맛보더니 표정도 되게 안 좋고 다 퉤퉤 뱉어 버리는 걸 봤다면, 직접 그 먹을거리를 맛보지 않아도 먹을 만한 게 아니라는 사실을 배울 수 있겠지. 눈치를 발휘하면 사회에서 다른 개체를 통해 배운 정보를 바탕으로 더 안전하고 나은 선택을 적은 비용으로 할 수 있게 되는 거야.

얼굴을 알아보는 뇌

이렇게 중요한 능력인 눈치는 안타깝게도 사람마다 그 능력의 수준이 달라. 왜 누구는 눈치가 빠르고 누구는 눈치가 없는 걸까? 만약 눈치가 얼마나 빠른지를 '눈치력'이라고 한다면, 이 눈치력을 발휘하는 데 있어 가장 중요한 정보는 무엇일까? 바로 시각 정보, 그중에서도 표정이야. 혹시 눈치챘어? 앞에서 우리가 눈치가 무엇인지 이야기하는 동안 표정 이야기가 많이 나왔던 것 말이야. 감정을 잘 숨기지 못하는 사람에게 '얼굴에 다 써 있다'라고 말하기도 하지. 감정은 얼굴이 아닌 신체적 반응도 함께 일으키지만, 표정에서 훨씬 더 분명하고 풍부하게 드러나.

그래서 수많은 시각 정보 중 '얼굴' 정보를 특별히 잘 구분해 내고, 얼굴의 다양한 표정을 읽어 낼 수 있는 게 곧 눈치력이라고 할 수 있을 것 같아. 얼굴을 알아보고 표정을 읽는 눈치력은 어디

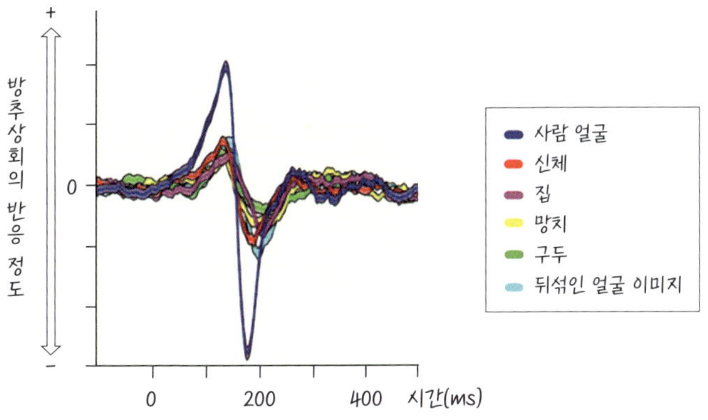

여러 가지 사진을 보여 주었을 때 뇌의 방추상회 영역이 반응한 정도가 다르게 나타났다. 여섯 가지 사진 중 사람 얼굴 사진을 봤을 때만 방추상회가 크게 반응한 것을 확인할 수 있다.[8]

서 올까? 얼굴과 표정이라고 하면 눈이 받아들이는 시각 정보 중 하나니까 혹시 시력이 곧 눈치력인 걸까?

사실 눈으로 받아들이는 다양한 자극을 처리하는 영역과 별도로, 뇌에는 얼굴을 알아보고 표정 정보만을 처리하는 영역이 있어. 방추상회(fusiform gyrus)라는 곳이야. 이 영역은 다른 어떤 정보나 외부 자극에는 반응하지 않으면서 오로지 얼굴이라는 정보에만 반응하고, 그 정보를 이해할 수 있어. 마치 카메라 어플이 사진을 보정할 때 빠르게 눈·코·입의 위치와 얼굴을 파악하는 것을 떠올리면 돼.

이 영역이 기능을 제대로 발휘하지 못하면, 얼굴을 잘 알아보지 못하는 안면 인식 장애가 나타날 수도 있어. 실제로 과학자들이 방추상회라는 영역을 알게 된 계기도 다른 사람의 얼굴을 알아보는 데 어려움을 겪는 환자들을 통해서였어. 유난히 사람의 얼굴을 잘 구분하거나 기억하지 못하는 사람들의 뇌를 살펴봤더니 공통된 한 영역에 손상이 있었던 거야.

상대방의 표정을 읽어 감정을 이해하는 것에서 한 발 더 나가 나 역시 그 감정을 느끼게 되는 건 어떻게 가능한지도 살펴보자.

말하지 않아도 알아, 거울 신경 세포

우리가 앞에서 떠올려 봤던 친구의 슬프고 화난 표정이나 길을 가다 마주친 크게 웃는 사람들을 다시 생각해 봐. 그들이 왜 그런 감정을 느끼는지 우린 그 이유를 아직 몰라. 그들이 그런 표정과 웃음을 짓기 전에 무슨 일이 있었는지 보지 못했고, 그들이 한 경험을 우리가 해 보지 못했으니까 당연히 동시에 같은 감정을 느낄 수는 없을 거야. 감정은 내가 겪은 어떤 경험으로부터 비롯되는 거니까. 그런데 비슷한 감정을 느낄 수는 있어. 말해 주지 않아 알 수 없는 것은 감정을 느낀 원인과 내가 겪어 보지 못한 경험일 뿐이고, 그 사람이 어떤 감정을 느끼는지와 그 감정을 느끼는 게 어떤 기분인지는 말하지 않아도 알 수 있어.

이렇게 다른 사람의 감정을 이해하고 같이 느끼는 것을 공감이라고 하지. 공감에 중요한 역할을 하는 존재 역시 뇌에 있어. 바로 '거울 신경 세포'야. 거울 신경 세포는 측두엽 쪽에도 있고 두정엽 쪽의, 몸의 움직임을 조절하는 데 중요한 영역에도 있어. 거울 신경 세포가 하는 일은 이름에 그대로 드러나 있어. 거울을 보면 내 모습이 그대로 비치고, 거울 속 나는 내가 하는 행동을 그대로 따라 하지? 거울 신경 세포는 뇌 속에서 거울처럼 행동해서 이런 이름이 붙었어. 상대방이 하는 행동, 표정 같은 걸 보면 거울 신경 세포가 반응해서 나도 똑같은 행동이나 표정을 짓게 만들거든.

아직 뇌가 충분히 발달하지 않은 어린아이나 원숭이 같은 일부 동물은 앞에서 누군가가 어떤 행동을 하면, 그 의미를 알지 못하더라도 똑같이 따라 하는 반응을 보이기도 해. 아기들이 쥠쥠을 따라 하는 것도 그렇고, 아기 원숭이 앞에서 메롱 했더니 의미를 모르면서도 원숭이가 따라 하기도 했어. 거울 신경 세포가 반응해 생기는 일이야.

거울 신경 세포가 반응하는 다른 사람의 행동이나 표정 같은 건 외부에서 주어지는 수많은 자극 중 하나야. 다른 사람의 행동, 표정 등이 거울 신경 세포를 통해 받아들여지고, 우리 머릿속에서 감정을 만들어 내게 되는 거야. 촉각이나 후각과 같은 감각을 통해 직접 느끼거나 사건을 겪지 않았어도 눈으로 상대방의 행동을 관찰하거나 이야기를 듣거나 읽는 것만으로 친구 또는 이야기 속의 주인공과 비슷한 감정을 느낄 수 있어. 거울 신경 세포의 역할을 통해 공감하는 거야.

상대방이 어떤 표정을 짓거나 행동하면 거울 신경 세포가 내 머릿속에서 그 표정을 똑같이 흉내 내려고 해. 그런데 이때 거울 신경 세포가 아무리 원해도 피질에서 그 감정을 느끼고 그런 표정을 지어도 될지 판단이 먼저 내려져야 실제로 공감할 수 있어. 뇌가 충분히 발달하면, 외부에서 자극이 주어졌을 때 감정을 충분히 마음대로 조절해 표현하고 느낄 수 있다고 했지? 뇌가 잘 발달했다면 움직임이나 감정 모두 충분히 조절한 뒤 원하는 것만 따라 할 수 있어. 나도 모르게 표정이 지어지거나 몸이 움직이는 일은 절대 없으니 걱정하지 않아도 되는 거야.

너의 고통은 나의 고통, 섬이랑

다른 사람의 감정 중에서 즐거운 것뿐 아니라 좋지 않은 기분에 공감하는 건 특히 생존과도 연관될 수 있어 더 중요해. 안 좋

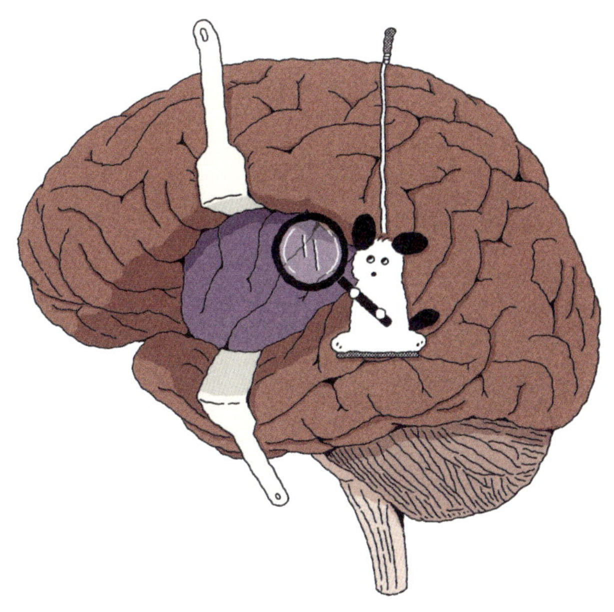

뇌 안쪽에 있는 섬이랑. 위 그림에서 보라색 영역이 섬이랑이다.

은 감정에 반응하는 데는 뇌의 '섬이랑'이라는 영역이 중요한 역할을 해.

섬이랑이라는 영역은 뇌의 안쪽에 있어. 이 영역은 싫거나 위험하다고 느껴 피하고 싶은 종류의 자극에 반응하는 곳이야. 주로 '역겨움'이라는 감정을 느낀다고 이야기해. 우리가 생존하는 데 위협이 되는 자극, 거부하고 피하고 싶은 느낌을 역겨운 감정이라고 할 수 있어. 섬이랑은 안 좋은 맛이나 냄새를 느꼈을 때,

굉장히 혐오스럽거나 무서운 감각을 불러일으키는 걸 봤을 때처럼 생존에 위협이 될 수 있고, 그래서 본능적으로 피해야 할 것 같은 자극에 반응해. 재밌는 건, 직접 어떤 자극을 느끼지 않을 때도 이 영역이 활성화된다는 거야. 바로 다른 사람이 그런 위협적이고 혐오스러운 감각을 느끼는 것을 '목격'했을 때야.

사람들에게 직접 안 좋은 냄새를 맡게 하거나 이상한 맛의 음식을 맛보게 하면 섬이랑 영역이 많이 활성화돼. 위험하고 피해야 할 것 같은 대상으로 느끼고 뇌가 먼저 거부하는 거야. 그런데 사람들이 이런 감각을 직접 느끼지 않았을 때 섬이랑이 활성화되는 것이 확인됐거든. 다른 사람이 내가 익히 알고, 싫어하는 자극을 느끼는 것을 봤을 때는 물론이고, 어떤 자극을 느끼는지 잘 모르겠지만, 상대방의 표정에 역겹고 괴롭다는 표정, 그러니까 거부하고 싶다는 표정이 나타나면 그 얼굴을 보는 내 뇌에서 섬이랑이 활성화돼.

이 사실은 실제 실험을 통해 알아낸 거야. MRI를 활용해 직접 안 좋은 냄새를 맡는 동안, 그리고 다른 사람이 안 좋은 냄새를 맡는 것을 보는 동안 뇌 활성화 정도를 각각 확인했어. 그랬더니 두 사례에서 활성화되는 영역이 겹쳐 나타났어.[9]

여기서 두 가지 사실을 알 수 있어. 역겨운 감정은 내가 직접 어떤 일을 겪어 느낄 수도 있지만, 다른 사람이 경험하는 것을 보거나 들을 때, 또 역겨운 표정을 보는 것만으로도 느낀다는 것과, 본능적으로 우리 뇌는 다른 사람의 얼굴에서 역겨움을 느끼는 표정을 알아볼 수 있다는 거야.

다른 사람의 행동이나 표정에 담긴 의미를 파악하는 것, 그러니까 눈치를 보거나 사회적 학습을 하는 데에는 이렇게 좋은 면과 나쁜 면 모두를 파악하는 능력이 필요해. 특히 나쁜 감정, 피해야 할 것을 예민하게 받아들이는 능력은 위험으로부터 자기 자신을 지켜 줄 수 있는 중요한 힘이야. 친구 관계를 생각해 봐도, 즐거움을 함께 나누는 친구도 매우 소중하지만 힘들고 슬플 때 곁에 있어 주는 친구야말로 진짜 소중하지. 힘들고 부정적인 감정을 이해하는 건 즐겁고 밝은 감정을 이해하는 것보다 어쩌면 좀 더 중요한 능력인지도 몰라.

9. 스마트폰을 자꾸만 들여다 보는 나, 문제일까?

중독

시험 기간이 일주일 남았는데 큰일이다. 스마트폰에 이미 난 중독된 것 같다. 열심히 공부하려고 마음먹고 독서실까지 등록했는데 독서실에 가서도 내내 스마트폰을 봤다. 공부를 조금 하다가 '잠깐만, 진짜 5분만 봐야지' 하고 영상을 보기 시작했는데 독서실 마감 종이 울리기 시작했다. 그 소리를 듣고 시간을 보니 세 시간이 지나 있었다. 이성적으로 생각하면 정말 5분만 보고 꺼야 했다. 그렇지만 스마트폰 속 영상과 친구들의 댓글을 보는 걸 멈추기는 정말 어렵다. 이건 이성과 의지만으로 해결할 수 없는 일인 것 같다. 소셜 미디어를 들여다보면 친구 대부분이 나처럼 하루 종일 스마트폰을 보는 것 같다. 댓글도 실시간으로 달리고, 스토리도 거의 한 시간 간격으로 업로드된다. 물론 그렇지 않은 친구도 많다는 걸 안다. 내 동생 영지만 해도 스마트폰을 그렇게 많이 보지 않으니까. '어쩌면 영지는 유달리 의지가 엄청 강한 건지도 모른다…….' 하고 쓰자마자 나는 영지의 그런 의지를 부러워하고 있다.

스마트폰은 왜 이렇게 중독적인 거지? 그리고 한번 중독이 되면 빠져나갈 방법이 있긴 한가? 소셜 미디어가 왜 이렇게 중요하게 느껴지는지 머리로는 온전히 이해하기 어려운데 누가 내게 설명을 좀 해 주면 좋겠다.

민지가 스마트폰에 중독됐구나! 스마트폰에 중독된 것은 분명 고쳐야 할 문제지만, 중독됐다는 것을 스스로 깨닫고 고쳐야겠다고 생각하니 사실 많이 걱정되지는 않아. 의지가 있다면 중독에서 충분히 벗어날 수 있으니까 말이야.

영지처럼 스마트폰을 그렇게 많이 보지 않는 친구들도 분명히 있어. 그렇다고 해서 스마트폰을 너무 많이 보거나 쉽게 중독되는 것이 개인의 문제만은 아니야. 청소년기의 뇌는 실제 생물학적으로 중독되기 쉬운 상태거든. 조금 안심이 되지? 청소년기의 뇌가 어떤 특징이 있고, 왜 이 시기에 중독에 빠지기 쉬운지 알아보자. 이걸 알고 나면, 중독에 빠질 것 같은 기분이 들 때에 자신을 다잡고 벗어나려 노력하기도 좀 더 쉬울 거야.

신경 세포의 발달, 가지치기

청소년기는 뇌가 발달하는 데 있어 매우 중요한 시기야. 30대가 될 때까지도 뇌는 계속해서 발달한다고 해. 뇌가 발달한다는 것은 뇌를 이루는 신경 세포 간의 연결, 즉 시냅스에 변화가 생기는 거라고 했어. 시냅스나 백질과 회백질의 부피 변화 말고도 뇌의 구조에는 중요한 변화가 또 일어나. 신경 세포 자체도 발달하고, 모양이 변해. 어떤 영역에 특정 신경 세포가 더 많이 생길 수도 있고 줄어들기도 해. 그리고 각 신경 세포가 얼마나 활성화되는지, 같은 자극에 얼마큼 반응하는지도 달라져. 신호가 시냅스를 통과하는 속도는 물론, 신경 세포 내에서 어디를 향해 얼마나 빠르게 신호가 전달되는지도 각 신경 세포가 발달한 결과에 따라 달라져.

이러한 신경 세포의 구조적 변화는 사람에게서 평균적으로 12세 정도에 급격하게 시작된다고 해. 그리고 25세 무렵까지 약 10년에 걸쳐 변화가 생겨. 10대 후반을 지나는 청소년 시기의 뇌에서 일어나는 여러 중요한 변화 중 하나가 바로 가지치기야.

가지치기가 뭐냐고? 신경 세포의 구조를 다시 한번 떠올려 보자. 신경 세포에는 머리 부분처럼 보이는 세포체가 있고, 거기에 수상 돌기가 돋아나 있다고 했어. 그리고 줄기처럼 뻗어 나가는 축삭 돌기가 하나 있지. 수상 돌기는 다른 신경 세포로부터 신호를 받아들이는 부분인데, 한 신경 세포가 신호를 여러 곳에서 받아들일 수 있어 수상 돌기의 수도 신경 세포마다 차이가 나. 각 세포체에서 단 하나만 뻗어 나는 축삭 돌기에서도 다시 가지가 돋아나기도 해. 여러 곳으로 신호를 전달하려고 그런 거야. 어떤 신경 세포의 축삭 돌기는 가지가 거의 달려 있지 않지만 어떤 신경 세포의 축삭 돌기는 가지가 무수히 많아.

그리고 어떤 신경 세포의 축삭 돌기에는 '미엘린(myelin)'이라는 물질이 감겨 있기도 해. 미엘린은 지방질의 한 종류야. 신경 세포를 감싸는 미엘린 구조물을 '미엘린 수초'라고 불러. 미엘린 수초가 감겨 있으면 축삭 돌기에서 신경 신호가 전달되는 속도가 훨씬 빨라져. 미엘린 수초가 둘러싼 부분은 건너뛰다시피 하고 신호가 전달되거든. 미엘린 수초의 감김 여부뿐 아니라 감겨 있는 정도도 신경 세포마다 차이가 나. 만약 멀리까지 신호를 전달해야 하거나 많은 신호를 자주 전달해야 하는 신경 세포라면 미엘린 수초가 축삭 돌기를 감싸는 면적이 훨씬 넓을 거야.

신경 세포의 구조적 모양과 분포는 태어날 때부터 가진 유전자의 영향도 물론 받지만, 발달 과정을 거치면서 아주 많이 변화해. 더 많이 쓰는 신경 세포와 시냅스는 신호를 더 빠르고 더 많이 주고받을 수 있게, 그러니까 가지가 더 많이 발달하는 방향으로 변

다양한 모양의 신경 세포

화하고, 잘 쓰지 않는 신경 세포와 시냅스 쪽에서는 가지가 거의 없어지게 돼. 말 그대로 '가지치기'가 일어나는 거지.

이런 가지치기는 청소년기에 가장 많이 일어나. 그래서 이 시기에 뇌를 활발하게, 그리고 잘 쓰는 것이 아주 중요한 거야. 뇌의 발달이 적극적으로 일어나는 이 시기를 지나고 나서는 아무리 뇌를 많이 써도 신경 세포의 가지가 더 자라나거나 시냅스의 연결이 강해지거나 하는 일이 청소년기만큼 활발하게 일어나지는 않거든.

이렇게 신경 세포 단위에서부터 구조적 변화가 엄청나게 일어나는 시기인 청소년기는 뇌의 발달에 정말로 중요한 때야. 완전히 발달하지 않았다는 점에서 청소년의 뇌는 무궁무진한 변화의 가능성이 있으면서도 아주 조심스럽게 잘 다뤄야 하는 대상이기도 해.

이성보다 감정이 중요한 시기

뇌의 여러 영역 중 청소년기에 가장 많이 발달하는 곳 가운데 하나가 바로 변연계야. 감정을 처리하는 데 중요한 영역이지. 단순히 감정을 느끼는 것뿐 아니라 의사 결정을 내리고 충동을 조절하는 데도 큰 영향력을 미치는 곳이야. 의사 결정에 중요한 역할을 하는 곳은 바로 전전두피질이라고 했는데, 이 영역은 청소년기를 지나 20대가 될 때까지도 크게 변화해. 청소년기의 뇌에서 앞으로 발달해 나갈 가능성이 가장 많이 남은 영역인 셈이지.

복잡하고 고차원적인 사고를 하는 전전두피질은 아직 충분히 발달하지 않았는데, 여기에 큰 영향을 주는 변연계는 상대적으로 아주 많이 발달한 상태. 이게 바로 청소년기 뇌의 특징이야. 이성적인 결정을 내리는 영역보다 감정적인 반응을 하는 곳이 더 발달해 있고, 지배적인 역할을 하는 거지. 그러므로 청소년기에는 의사 결정을 내릴 때 과거의 경험과 비교해 보거나 미래에 미칠 영향을 고려하는 등 복잡한 사고를 하기보다 당장의 순간적인 보상이나 즐거움에 반응하기 더 쉬운 게 당연한 거야.

변연계에는 즐거움을 느끼게 하는 신경 전달 물질인 도파민에 반응하는 도파민 수용체가 많이 분포해 있어. 청소년기 뇌에서는 특히 이 도파민 수용체 수가 크게 변화해. 변연계 중에서도 측좌핵(nucleus accumbens)이라는 곳은 도파민 신호를 받아들이는 주요 영역이야. 측좌핵의 도파민 수용체 분포와 개수가 청소년기를 거치면서 결정돼. 그래서 다른 그 어느 시기보다 청소년기에 도파민으로 인한 자극이 중요해.

보상 측정기 측좌핵

측좌핵은 보상을 실제로 받았을 때 그에 대해 반응을 보이는 것뿐 아니라 어떤 보상을 예측하거나 기대할 때도 매우 활성화되는 곳이야. 따라서 처음 겪어 보는 상황보다 이전에 겪어 본 적이

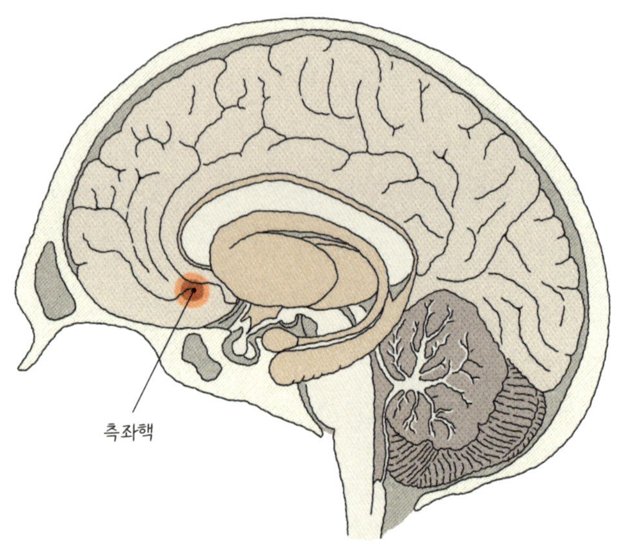

측좌핵은 뇌가 보상을 인식하는 데 중요한 역할을 하는 영역이다. 뇌의 앞쪽 영역 중에서도 깊숙한 안쪽에 있다.

있는 상황에서 높은 활성을 보여. 그리고 다음에 일어날 일에 보기를 제시하거나 선택지가 주어진 뒤 결과를 받기 직전에 가장 많이 활성화돼. 기대 심리를 느끼는 곳이라고 할 수 있어.

이런 기대 심리는 예측한 보상을 실제로 받을 때까지 반복적으로 행동하게 만드는, 다시 말해 일종의 중독을 일으키는 원인으로 작동해. 즐거운 일이 어쩌다 한 번 생기고 끝나는 것이 아니라 어떤 일 A에 B라는 보상이 뒤따라오는, 반복적이고 인과 관계가 있는 즐거움에 생기는 마음이 바로 '기대'지. 보상 B를 기대하는 마음으로 A를 계속 반복해 선택하거나 수행할 때를 생각해 봐. B를 기대하면서 A에 '중독'되고 집착적으로 그 선택이나 행동을 반복하게 되는 거야.

SNS에서 강아지가 자동 급식기 앞에 앉아 사료 나오는 부분을 계속 건드리는 영상 혹시 본 적 있어? 이 강아지한테는 '급식기 구멍을 건드린다(A)'→'밥이 나온다(B)'라는 오해가 생긴 거야. 안타깝지만 A와 B 사이에 인과 관계가 있다고 믿고 B를 기대하며 중독적으로 A 행동을 반복하는 거지. 여기서 잠깐, 이 영상을 보는 우리 모습도 돌아보자. 웃음을 유발하는 영상을 보면 즐겁고, 이 즐거움을 계속 느끼고 싶어 손가락으로 끝없이 피드를 넘기던 우리 말이야. 피드를 올리는 행동(A)과 새로운 영상에서 오는 즐거움(B)이라는 결과 사이에 인과 관계가 실재한다는 차이가 있을 뿐 자동 급식기 앞에서 하염없이 같은 행동을 반복하는 강아지와 비슷한 상황에 놓인 것 같아.

이런 상황에 관여하는 영역 중 하나가 바로 측좌핵이야. 보상 B를 한 번 받았을 때 뇌가 기뻐하고 다른 일로 넘어가는 것이 아니라, B를 다시 받고 싶다는 생각에 사로잡히는 거야. 왜냐하면 B를 얻을 방법을 알거든. A를 반복하면 B가 또 나올 것이라는 기대감이 생기면, 이 기대를 거는 순간 측좌핵이 활성화돼. 활성화된 측좌핵은 이전에 겪어 봤던 그 즐거움의 강도, 도파민의 수준을 얻어 낼 수 있게 생각과 감정, 행동을 조종하게 돼. 엄청난 욕구와 충동을 만들어 내는 거야. 이 충동과 욕구에 따를지, 억제하고 참을지는 우리의 선택이야.

측좌핵의 위험한 초대

만약 충동과 욕구에 따라 A를 수행했다고 해 보자. 예상한 대로 B가 나오면, A를 수행하려는 욕구는 점점 더 강해지겠지. 기대하고 믿던 것이 사실이라는 걸 학습했으니까. 그리고 보상과 자극에 많이 노출될수록 보상, 즉 즐거움을 인지하는 뇌 영역의 역치는 더 높아진다는 문제도 있어. 일상에서 느끼는 단순한 자극에는 반응이 거의 없어지고 결국 중독 수준으로 강한 자극이 있어야만 뇌가 반응하게 되는 거야.

반대로 기대한 보상 B가 나오지 않으면 어떻게 될까? 이럴 때에도 행동 A를 반복하게 돼. 측좌핵이 기대했던 보상을 얻지 못하면 깔끔하게 포기하는 것이 아니라 음(-)의 활성이 나타나는데, 음의 활성이라는 건 즐거움의 반대, 즉 기분이 나빠지는 걸 말해. 기분이 나빠졌으니까 그걸 보상하려는 마음도 더해져 더욱더 강

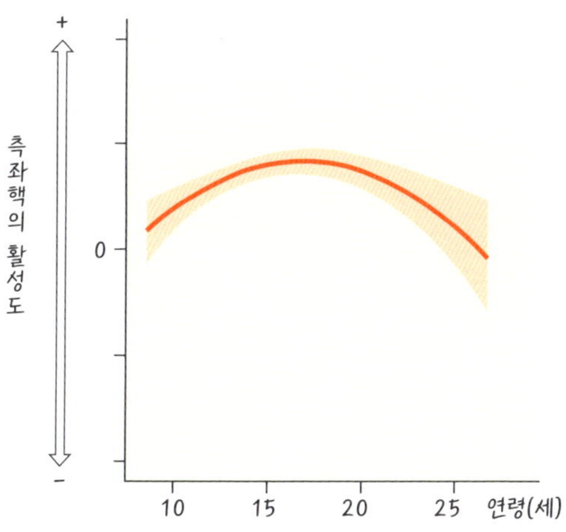

측좌핵이 기대에 반응해 활성화되는 정도는 10대 후반에 가장 높다.[10]

한 자극을 찾아내려고 할 수 있어. 결국 다시 A를 반복하려 들게 되고, 중독에 빠지게 되는 거야.

보상을 학습하고 기억해 반복적으로 보상을 얻는 선택을 하는 것은 너무 당연한 일이야. 뇌는 언제나 즐거운 방향, 즉 보상을 얻는 방향으로 행동을 이끄니까. 이런 선택은 나이와도 무관해. 그런데 측좌핵의 도파민 수용체 분포가 청소년기를 거치면서 결정된다는 사실을 기억해야 해. 10대 후반에 이를 때까지 측좌핵이 기댓값에 반응하는 정도는 점점 높아지고, 20대에 들어서면 조금씩 다시 줄어들어. 측좌핵은 10대 후반에 자신이 느낄 수 있는 도파민 양의 최대치를 시험하는 것처럼 보여. 이런 측좌핵의 발달 과정 때문에 성인보다 10대 후반의 청소년들이 중독에 훨씬 취약하고, 따라서 청소년기에 중독에 빠지지 않게 더 주의를 기울여야 해.

특히 요즘 청소년에게 소셜 미디어는 영향력이 아주 크고, 또 여기에 중독되는 청소년도 점점 많아지고 있어. 소셜 미디어의 가장 중요한 특징은 아마 내가 보는 콘텐츠가 알고리즘에 의해 선별된다는 점일 것 같아. 한 번 봤던 것, 좋다고 표시했던 정보를 기반으로 유사한 콘텐츠가 선별되어 피드에 자동으로 많이 떠오르지. 내가 좋아하고 즐거워하는 것, 그러니까 내게 도파민을 분비시키고 측좌핵을 자극시키는 요소들이 점점 더 많이 제공되니까 중독되기가 너무 쉽겠지.

소셜 미디어도 진짜 사회

청소년기는 가족보다 친구와 더 많은 시간을 보내기 시작하는 때이고, 사회적 관계를 본격적으로 형성하기 시작하는 시기야. 사회적 관계 안에서 용인되는 것이 무엇인지 알게 되고, 직접적 또는 간접적으로 사회적 압박을 느끼기도 하는 때지. 서서히 자아와 타자를 구분하고 개인적인 목표뿐 아니라 사회에서 인정받고 싶은 욕구도 늘어나는 시기야.

인간은 가장 대표적인 사회적 동물로 유전자와 뇌에까지 사회를 이루고 살아가려는 욕구가 새겨져 있어. 사회에서 잘 적응하는 것, 친구들 사이에서 인기 있는 존재가 되고 사람들이 나를 사랑하는 것이야말로 우리 뇌가 느끼는 가장 크고 근원적인 보상이라고 해도 틀린 말이 아닐 거야. 인간이 이런 존재이니, 사회를 처음 경험하는 시기인 청소년기에는 일생의 다른 시기보다 더 사회 관계에서 오는 보상이 크게 느껴질 거야.

그런데 이제 이 사회라는 것이 학교나 학원에 그치지 않게 됐어. 직접 대면해 물리적인 접촉을 하는 관계뿐 아니라 소셜 미디어에서의 관계가 또 하나의 사회로 자리 잡았거든. 대면을 통한 현실 세계 속 관계로 이루어진 사회와 소셜 미디어를 통해 구성된 사회에는 여러 가지 차이점이 있어. 다른 사람과 상호 작용을 하는 데 걸리는 시간도 차이가 있고, 소셜 미디어에서는 보여 주고 싶은 것만 골라 보여 줄 수 있고 나중에 지울 수도 있다는 특징이 있지. 이런 차이에도 불구하고, 스마트폰 속 소셜 네트워크에서 만나게 되는 또래 집단의 반응은 실제 세계에서 다른 사람과 겪는 상호 작용과 동일한 효과를 뇌에서 일으켜.

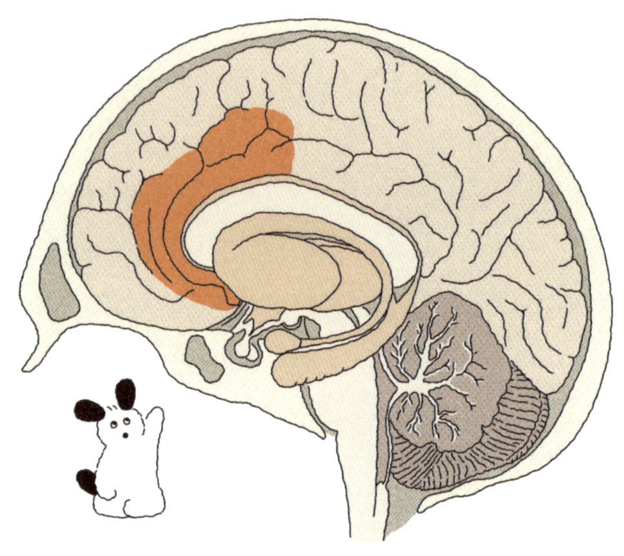

위 그림에서 주황색으로 표시된 영역이 전대상회다.

상대방의 반응을 파악하고 집단의 분위기를 느끼는 것, 사회적 규칙과 암묵적인 약속을 이해하고 따르려고 하는 것은 전대상회(anterior cingulate cortex, ACC)와 섬이랑이 활성화되는 정도를 통해 드러나. 전대상회는 뇌의 앞쪽 부분인 전두엽 중에서 피질보다 안쪽에 있는 영역이야. 그리고 섬이랑은 전대상회보다 훨씬 안쪽, 거의 뇌의 중심부에 가까운 곳에 있어.

전대상회는 이미 알고 있는 사회 규범을 잘 수행할 때 높은 활성을 보여. 사회에 잘 적응하고 다른 사람들로부터 받아들여진다는 안정감, 기대하고 계획한 것과 현실에서 실제 경험하는 것이 일치하는 데서 만족감을 느끼는 거야.

섬이랑에서는 이와 반대되는 상황에서 반응이 나타나. 알고 따라야 하는 규칙을 어겼을 때의 불안감, 가책 같은 것은 섬이랑의 높은 활성으로 이어져. 또 사회에서 잘 적응하지 못한다는 기분이 들 때, 친구들이나 주변 사람들이 나를 그다지 좋아하지 않는다는 생각이 들 때에도 반응이 나타나. 사회에 적응하는 것이 생존에 필수적인 동물인 인간에게는 맛있는 음식을 먹고 편안하게 잠을 자는 것만큼 주위에서 사랑받고 사회에 잘 적응하는 것, 스스로 이러한 기대에 잘 부합하는 '좋은 사람'이 되는 것이 본능적으로 중요하게 여겨지기 때문이야. 사회 규범을 익히고 다른 사람과 어울리는 방식을 배워 나가는 시기이기도 하지만 청소년기는 전대상회와 섬이랑이 한창 발달하는 시기라 이 두 영역의 활성이 어느 나이대보다 높게 나타나.

소셜 미디어에서 사람들이 내 게시물이나 댓글에 좋아요를 누를 때나 그와 비슷한 반응을 보일 때는 전대상회가, 반대로 좋아요가 취소되는 것을 보거나 내가 올린 게시물과 반대되는 의견이 댓글로 달렸을 때는 섬이랑이 활성화돼. 현실 세계의 사회적 관계에서 나타나는 반응이 소셜 미디어를 통해서도 동일하게 나타

나는 거야. 섬이랑의 활성은 특히 자기 효능감이 낮은 사람일수록 더 높게 나타나기도 했어.[11]

마주 앉아 손잡을 수 있는 관계

우리 뇌가 소셜 미디어에 보인 반응이 현실 관계에서 보이는 반응과 같긴 했지만, 입체적이고 미묘하며 순간적인 표정을 읽는 일, 말투와 목소리의 변화, 몸짓을 이해하는 능력을 기르는 데는 물리적으로 접촉하고 직접 대면하는 관계가 여전히 중요해.

단순히 소셜 미디어 속 콘텐츠에 몰두하는 것뿐 아니라, 스마트폰과 같은 스크린을 오래 들여다보는 것만으로도 뇌의 발달에 영향을 준다는 연구 결과도 있어. 6학년생들을 대상으로 스마트폰과 스크린에 접근하는 것을 닷새 정도 차단했을 때, 계속해서 스마트폰 및 스크린을 쓴 집단과 비교해 보면 사람의 표정과 감정을 읽어 내는 능력이 현저하게 높아지는 걸 한 연구진이 확인하기도 했어.

소셜 미디어와 같은 디지털 세계와 현실 세계는 여전히 차이가 있다는 것, 그리고 소셜 미디어는 중독되기 너무나도 쉬운 구조라는 걸 항상 기억하고 주의할 필요가 있어. 위에서 소셜 미디어

속 내가 보는 콘텐츠는 알고리즘을 통해 선별된 것이라는 점을 이야기했어. 그뿐 아니라 내가 올리는 콘텐츠 역시 선별된 것들이지. 또 이미 올린 게시물을 나중에 수정하거나 삭제하는 경우도 많지. 현실 세계에서 맺는 관계에 비해 휘발성은 높고 진실성은 떨어진다는 사실을 외면하면 안돼. 소셜 미디어를 통해 진실한 관계를 맺는 일도 얼마든지 가능하지만, 결국 우리가 '진실한 관계'라고 부르는 것은 현실 세계에까지 이어지는 관계를 말하는 것이 아닐까? 같은 공간에 앉아 손을 잡고, 얼굴을 마주 보는 사이가 되는 것 말이야.

10. 집중력을 높이는 비법이 있을까?

집중력

우리 반에는 전교에서 유명한 멀티태스커 나현이가 있다. 나현이는 태블릿 두 개랑 스마트폰 세 개를 가지고 다닌다. 디지털 기기가 많다는 건 관심거리가 아니다. 다섯 개나 되는 디지털 기기를 아주 효율적으로 쓰는 나현이만의 방법이 그 애를 유명하게 만들었다.

쉬는 시간이나 점심시간만 되면 나현이의 현란한 멀티태스킹 쇼가 펼쳐진다. 책상에 태블릿과 스마트폰을 좌르륵 펼쳐 놓고 동시에 화면을 켠다. 스마트폰 하나에는 롤플레잉 게임을, 또 다른 스마트폰으로는 촬영을 시작한다. 태블릿 하나로는 자신의 유튜브 채널 구독자 반응을 확인하고, 나머지 스마트폰 하나에는 동영상 강의를 틀어 놓는다. 그리고 마지막 남은 하나의 태블릿으로는 학원 숙제를 시작한다. 공부도 하고 게임도 하면서 동영상 촬영까지…….

나는 그걸 보는 것만으로도 눈앞이 빙글빙글 돈다. 하지만 나현이는 이 다섯 개의 기기를 정말로 '동시에' 쓴다. 어떻게 그게 가능하지? 나현이의 집중력은 아마 내 열 배쯤 될 것 같다. 나현이의 뇌에는 뭔가 특별한 점이 있나?

집중력이 약해 안 그래도 고민인 나는 집에서 나현이를 한번 흉내 내 보려고 했다. 책상 위에 내 태블릿과 민지의 태블릿을 올려놓고, 나현이 책상의 배치를 떠올리면서 가운데 스마트폰과 책, 연습장과 필기구를 펼쳐 놨다. 근데 책과 연습장 너머 태블릿 두 개를 한 번에 조작하려다 우당탕하고 모든 걸 바닥에 떨어뜨렸다. 그 소리를 듣고 달려온 민지에게 잔소리까지 들었다. 그냥 나는 산만하지만 행복한 이영지로 살아야겠다!

주위에 나현이 같은 친구가 있어? 짧은 쉬는 시간에 다섯 개의 디지털 기기를 한 번에 쓰면서 여러 가지 일을 동시에 처리하다니 정말 대단하네. 그런데 나현이처럼 멀티태스킹을 하는 것과 집중력은 어떤 관계가 있을까? 영지의 일기에 써 있지는 않지만 나현이의 숙제가 얼마나 완벽한지 사실 조금 궁금해지기도 해.

디지털 기기를 점점 더 많이 쓰게 되면서 한 번에 여러 가지 일을 하고, 여러 군데로 집중력을 분산시킬 때가 많아지는 것 같아. 이런 변화 속에서 우리가 집중력을 여전히 높게 유지하려면 어떤 노력이 필요할까? 집중이라는 건 뇌에서 어떻게 일어나는지, 또 멀티태스킹을 자주 하는 것이 뇌에 어떤 영향을 줄지도 알아보자.

두 가지 집중력

우리가 뭔가에 집중할 때는 두 가지 모드가 있어. 하나는 목표하는 대상에 온전히 집중하는 것인데, 의지로 주의를 기울이는 집중이야. 또 하나는 의지 또는 의도로 조절할 수 없는 집중이야. 갑작스럽게 시야에 뭔가가 들어올 때, 의지로 집중한 것이 아닌데도 주의력이 순간적으로 그 대상에 옮겨 가게 돼. 이렇게 갑자기 시선을 사로잡는 상황 외에도 주의를 기울여 집중하던 대상이 아닌 것에 무의식적으로 주의가 기울여질 때가 있어. 의식하지 못하므로 아마 대부분 기억하지 못할 거야. 온전히 기억하지 못하고, 무의식 속에만 남아 있는 거지.

뭔가에 집중한다는 건 에너지가 상당히 필요한 일이야. 그런데 왜 우리는 원하는 대상에 100퍼센트 에너지를 써 온전히 집중하지 않는 걸까? 무의식적인 집중이 자주 또는 많이 일어나면 의식적으로 집중하는 힘이 약해지는 건 아닐까? 무의식적인 집중이 잘 일어나는 특정한 대상이 혹시 있을까?

의식적 주의는 특히 감각 자극에 좌우돼. 시각이나 청각, 후각 같은 감각뿐 아니라 책을 읽고 상상하는 것을 통해 뇌에 가해지는 자극도 모두 포함돼. 감각 자극을 받아들인 뒤 정보를 처리하는 대뇌의 피질 영역이 의식적인 주의와 관계가 있어. 무의식적인 주의는 감각 자극보다는 내면에서 일어나는 감정 변화와 연관이 있다고 생각돼. 외부로부터 자극이 주어져 주의력이 옮겨 간다기보다 나도 모르게 마음이 쓰이고 몸이 반응하게 되는 뭔가에 집중한 거야. 나도 모르게 눈물이 난다거나 심장이 빠르게 뛰고 몸이 떨린다거나 할 때가 가끔 있지. '왜 그렇지?' 하고 주위를 둘러보면 나도 몰래 뭔가에 주의를 기울였다는 걸 깨닫게 될지도 몰라. 나는 신경 쓰지 않던 어떤 대상이나 특징에 무의식적으로 내 뇌의 일부가 주의를 기울였고, 그에 따른 반응이 나타난 걸 거야.

다행이라고 해야 할까, 무의식적인 주의와 의식적인 주의는 서로를 방해하지 않는다고 해. 무의식적인 주의는 의지로 조절할 수 없고, 의식적인 주의를 방해하는 존재도 아니야. 무의식적인 주의와 상관없이 의식적인 주의는 내가 집중력을 기를수록 더 강하게 작동할 수 있어. 다만 내가 의식적인 주의를 조절하는 힘이 약한 사람이라면 당연히 상대적으로 무의식적인 주의에 크게 반응한다고 느낄 수 있겠지.

멀티태스킹과 집중력

혹시 멀티태스킹을 잘하는 사람은 집중력이 더 높을까? 사실은 그 반대라는 연구 결과가 있어. 평상시에 여러 개의 미디어 콘텐츠를 동시에 쓰는 멀티태스커와 한 번에 하나의 미디어만 쓰는 사람인 비(非)멀티태스커를 모아 집중력을 시험해 본 연구가 있어.

목표물과 방해물이 섞여 있는 그림을 보여 주면서 집중력을 시험해 봤는데, 방해물의 개수가 늘어날수록 멀티태스커가 집중력이 더 많이 떨어지는 모습을 보였어. 방해물이 하나도 없을 때는 멀티태스커와 비멀티태스커의 반응 속도가 사실 비슷했거든. 그런데 방해물이 나타나기 시작하고부터 멀티태스커의 반응 속도가 비멀티태스커에 비해 현저하게 떨어졌어.

멀티태스킹을 일상적으로 하는 사람은 사실 그렇지 않은 사람보다 강한 집중력이 있지는 않았던 거야. 영지가 본 나현이처럼 여러 개의 미디어를 동시에 쓰는 모습이 집중력이 더 뛰어난 것처럼 느껴지기 쉽지만, 여러 작업을 동시에 하는 것과 그 모든 작업에 충분히 주의를 기울이는지는 다른 이야기인 거지. 또 우리가 '집중한다'라고 말할 때 그것이 하나의 대상에만 오롯이 주의를 기울인다는 의미라는 걸 생각해 봐. 멀티태스킹은 하나가 아닌 여러 개의 대상에 주의를 분산시키는 것이니까 '집중한다'는 의미와 조금 다른 것 같다는 생각도 들어.

실험 결과에서 멀티태스커의 집중력이 방해물이 존재하면 더

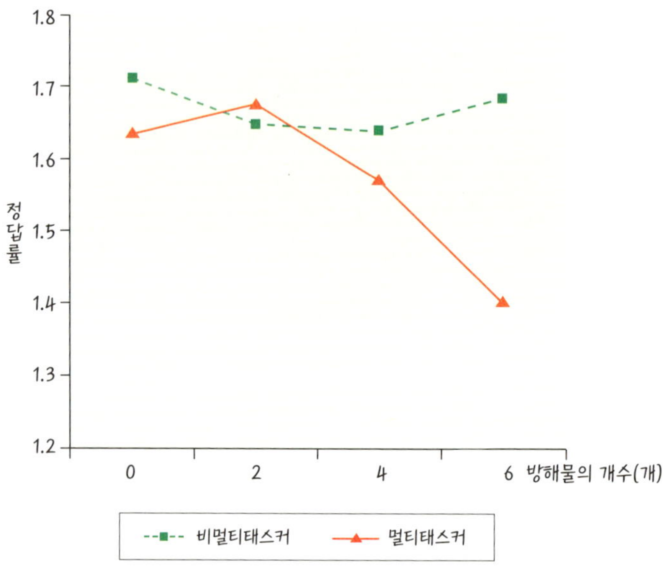

방해물이 늘어날수록 멀티태스커가 정답을 맞히는 비율이 확연히 떨어졌다.[12]

쉽게 떨어지고, 또 멀티태스킹이라는 것의 의미가 집중의 의미와 다르다고는 했지만, '그러므로 멀티태스커는 집중력이 약하다'라고 말하기는 좀 어렵긴 해. 우리 주위에서 뇌를 자극하는 요소의 형태와 수가 많이 달라지고 있으니까 말이야. 한 번에 여러 개의 자극을 동시에 접할 때가 점점 더 많아지고 있는 세상이잖아. 어쩌면 멀티태스커처럼 하나에 어느 정도의 주의를 기울이면서 동시에 주변에 어떤 변화가 일어나는지도 끊임없이 알아채는 능력이 새로운 '집중력'의 정의가 될지도 모르겠어. 중요한 것은 하나에 오롯이 집중하는 능력을 유지할 수 있는지가 아닐까.

선택과 집중

뭔가에 집중할 때 뇌에서는 어떤 일이 일어날까? 집중하게 되면 그 대상에서 전달되는 여러 가지 정보를 받아들이고 또 종합해 이해하려고 뇌는 바쁘게 활동해. 이미 집중력을 모은 뒤의 뇌는 자기가 할 일을 할 뿐이야. 주의를 기울이는 과정, 하나의 대상에 집중력을 모으기까지의 과정을 살펴보면 집중력이 무엇인지 더 많이 이해할 수 있어.

그런데 주의력, 집중력이라는 건 왜 필요한지부터 생각해 보자. 우리의 눈·코·귀 같은 감각 기관은 선택적으로 정보를 받아들이지 않아서 그래. 주위에서 일어나는 모든 일이 다 눈에 보이고, 들리고, 냄새 맡아지니까. 보고 싶은 것만 보고 듣고 싶은 것만 듣는 건 불가능한 일이지. 수많은 자극이 멈추지 않고 들어오는 세상에 살지만, 그 자극 중 일부는 지금 내게 하나도 필요하지 않아. 그런 정보들까지 모두 받아들이고 이해하려고 하면 우리 뇌는 쉽게 지쳐 버리고 말 거야. 그래서 우리는 꼭 필요한 것, 또는 더 중요한 것에 에너지를 우선 써. 그게 바로 집중하는 거지.

효율적으로 집중하려면 내가 목표하는 대상이 무엇인지 먼저 명확히 알아야 해. 목표 대상이 무엇인지 확실하면, 그 외의 것에는 최대한 주의를 덜 기울이려고 노력하기만 하면 되는 거야. 목표 대상을 '선택'하고 그 뒤에 '집중'하는 것. 말로는 너무 간단하고, 뇌도 에너지를 더 아껴 쓸 수 있는 좋은 일인 것이 분명한데, 현실에서 집중력을 높이는 게 왜 그렇게 어려운 걸까?

집중하는 힘, 배외측 전전두피질

뭔가에 집중하는 힘은 뇌의 배외측 전전두피질에서 나와. 이 영역은 전전두피질의 일부분이야. 전전두피질은 고차원적인 사고나 의사 결정, 여러 정보의 종합적인 판단과 이해를 하는 곳이지. 다양한 자극이 존재하는 주변 환경에서 주의를 기울여야 할 특정 대상이 있으면, 이 영역에서 그 대상 정보를 특별히 신경 써 이해하고, 거기에 집중하는 거야.

사람들에게 얼굴 사진을 보여 주면서 그 사람이 배우인지 아니면 정치인인지 답변하게 했어. 사진만 보고 답변하는 건 사실 어려운 일이 아닐 텐데, 이 실험에서는 사람들의 주의력을 분산시

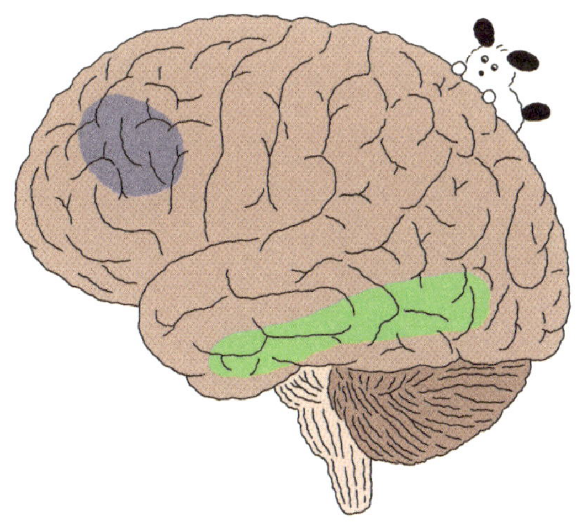

위 그림에 보라색으로 표시된 영역이 방추상회가 활성화될 때 따라서 활성화된 배외측 전전두피질이고, 초록색 영역이 얼굴을 볼 때 활성화되는 방추상 얼굴 영역이다.

키려고 사진 위에다 글씨를 써 놨어. 예를 들어 봉준호 감독 사진 위에 '노무현'이라고 정치인의 이름을 써 놓는 식이지. 글씨가 방해 공작을 펼치더라도 실험에 임한 사람들은 사진 속 얼굴에만 집중해 답변해야 하는 거야.

뇌에서 사람의 얼굴을 인식하는 영역이 특별하게 존재한다는 거 기억하지? 얼굴 사진에 집중하면 할수록 얼굴에 반응하는 방추상회의 활성은 높게 나타났어. 예상한 대로였지. 그런데 이 방추상회가 활성화될수록 같이 반응하는 뇌 영역이 있었어. 그게 바로 배외측 전전두피질이었어. 그리고 배외측 전전두피질의 활성이 높아질수록 정답을 빨리 맞히는 비율도 높아졌어.[13] 배외측 전전두피질이 집중력을 발휘하는 영역이라는 걸 보여 주는 결과지.

방해물을 걸러 내는 전대상회와 후두정피질

원하는 대상에 집중을 잘 해내는 것만큼 필요하지 않은 정보를 걸러 내는 과정도 중요할 거야. 이렇게 방해물이 무엇인지 구분하고, 그것에 주의를 기울이거나 반응하지 않게 억제하는 역할은 전대상회가 해. 어떤 대상에 집중하는 시험을 할 때, 목표물만 있을 때와 방해물이 같이 존재할 때 뇌의 활성을 비교해 봤더니, 방해물이 존재할 때 전대상회의 활성이 확연히 높게 나타났어.

그리고 원하는 대상에만 더 집중하고자 방해물에 대한 주의를 억제하는 전대상회의 기능은, 방해물의 존재가 갑작스러운 것이든 예상하던 것이든 상관없이 발휘돼. 만약에 방해물이 등장할 것이라는 사실을 미리 알려 주거나 그 순서까지 알려 주더라도 전대상회는 활성화되는 거야. 전대상회는 무의식적인 주의가 발동되는 것을 조절하는 것처럼 보여.

그런데 뭐가 방해물이고 뭐가 목표물인지는 어떻게 알까? 여기에는 전대상회와 더불어 후두정피질(posterior parietal cortex, PPC)도 중요한 역할을 해. 후두정피질도 전대상회처럼 방해물이 없고 목표물만 있는 상황에서는 딱히 활성이 높게 나타나지 않아. 방해물이 존재하는 상황에서 주의가 분산되는 것을 막고 원하는 대상에 집중할 수 있게 도와주는 곳이지. 특히 후두정피질은 목표물과 방해물이 유사한 특징을 가졌을 때 더 많이 활성화되는 경향이 있다는 연구 결과가 있어.

후두정피질은 방해물과 목표물로부터 오는 자극을 구분하려고 할 때 좀 더 적극적으로 역할을 하고, 전대상회는 뇌에서 그 정보를 처리하고 주의력을 조절하는 과정에 좀 더 많은 역할을 하는 것으로 생각돼. 방해물을 피해 집중력을 높이는 일에 후두정피질과 전대상회가 서로 협력하는 거야. 원하는 대상으로만 집중력이 모일 수 있게 도와주는 거지. 방해물이 존재하면 집중력을 발휘하는 배외측 전전두피질과 함께 전대상회, 후두정피질이 모두 활성화되는 것은 연구자들이 MRI를 통해서도 확인한 사실이야.[14]

집중의 순서

　집중할 때 방해물 사이에서 목표물을 구별하고 주의를 어디에 더 많이 기울일지 선택하는 과정, 그다음 선택된 대상에 에너지를 쏟는 본격적인 집중의 과정이 있다는 걸 알았어. 집중의 순서에 따라 실제 뇌에서도 전대상회와 후두정피질이 전전두피질보다 앞서 활성화되는 모습을 보여. 방해물이 있는지 없는지, 있다면 목표물은 주위의 수많은 자극 중 어떤 것인지를 전대상회와 후두정피질이 먼저 파악하는 거야. 방해물을 충분히 구분해 내고 주의를 기울여야 하는 대상이 무엇인지 결정하고 나면 전대상회나 후두정피질의 활성은 조금씩 낮아져. 그리고 배외측 전전두피질의 활성은 점점 더 높아지지.

　집중력이 발휘되는 순서에 따라 뇌 영역이 순차적으로 활성화되는 것처럼 보이지만, 뇌가 작동하는 방식은 그것보다 좀 더 복잡해. 전대상회나 후두정피질의 활성이 전전두피질 영역이 활성화되기 위한 조건이라고 보는 과학자도 있어. 전대상회나 후두정피질에서 배외측 전전두피질로 신호가 전달되면서 배외측 전전두피질의 활성이 서서히 높아지는 거지. 전대상회와 후두정피질이 방해물이 무엇인지 골라내는 일뿐 아니라, 어떤 것이 목표물인지 알려 주면서 집중하기 시작하라고 전전두피질을 불러내는 역할도 한다는 거야. 방해물이 있지 않을 때는 후두정피질이나 전대상회의 활성이 그다지 높아지지 않는다는 연구도 여럿 있지만, 이런 연구 결과들은 실험 조건 때문에 나타난 결과일 가능성도 조금 있긴 하거든.

전대상회와 후두정피질의 역할, 그리고 배외측 전전두피질의 역할이 선택과 집중이라는 점은 분명해. 하지만 이 세 영역 사이에서 어떤 신호가 전달되는지, 이들 간의 관계는 어떤 것일지에 관해서는 더 많은 연구가 필요해. 앞으로 뇌 과학자들이 연구를 거듭하며 더 재밌고 자세한 사실을 밝혀 줄 거야.

명상과 집중력

마지막으로 집중력을 기를 방법을 하나 알려 줄게. 오랫동안 수행한 수도승들은 집중력이 엄청 높을 것 같지 않아? 실제로 집중하고 명상하는 수행을 오래 해 온 수도승끼리 대화를 나누는 상황에서 뇌파(EEG)를 측정해 본 과학자가 있어. 이때 대화의 주제를 일상적인 것과 고민과 토론이 필요한 어려운 것으로 나누어 제시했어. 그리고 대화를 나누는 동안 전전두피질 영역의 활성을 비교해 봤어. 어려운 주제로 대화를 나눌 때 전전두피질의 활성이 높게 나타났는데, 일상적인 주제보다는 고민이 필요한 주제를 이야기할 때 더 집중해야 해서 그런 거야.

이건 예측할 수 있는 결과인데, 재밌는 발견이 하나 있었어. 수행을 오래 한 수도승과 이제 막 시작한 수도승의 뇌 활성에 차이가 있었던 거지. 수행 경력이 오래될수록 전전두피질의 활성이 더 높게 나타났어. 수행을 오래 한 수도승은 실제로 집중력이 훨씬 높았던 거야.

수도승들은 주로 명상하면서 많은 시간을 보내. 요즘 많은 관심을 받는 명상이 실제로 집중력을 높이는 데 도움이 될지도 몰라. 이뿐만 아니라 뇌가 아무 업무도 수행하지 않을 때, 즉 쉴 때의 기본 활성(default mode network, DMN) 수준이 훨씬 낮아진대. 평상시에 고요한 상태를 유지하는 능력이 생긴 거야. 이렇게 평상시에 에너지를 아껴 두면 진짜 집중해야 할 때 더 효과적으로 힘을 발휘할 수 있을 것 같아.

전문적으로 수행하는 수도승이 아니어도 명상은 쉽게 시도해 볼 수 있어. 명상을 훈련해 볼 수 있는 곳도 많고, 책이나 영상을 통해서도 접하기 쉬우니까 집중력을 훈련하는 한 가지 방법으로 생각하고 한번 경험해 보는 것도 재밌을 것 같아. 그리고 실제로 명상을 오랜 기간 한 사람의 뇌는 마치 오래 수련한 수도승처럼 평상시 뇌가 차분한 상태를 유지한다고 해.

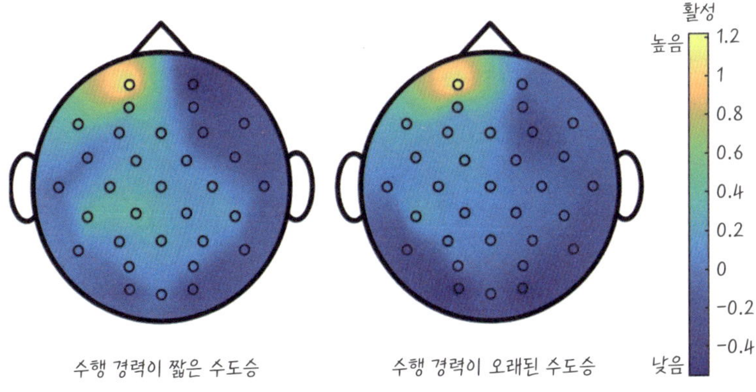

수행 경력이 다른 두 수도승의 뇌파 활성 비교.[15] 왼쪽 앞부분의 가장 노란 부분이 배외측 전전두피질 부근이다. 수행 경력이 더 오래된 수도승(오른쪽)은 집중할 때 배외측 전전두피질을 제외한 다른 영역의 활성이 훨씬 더 낮았다. 나머지 영역의 활성이 낮다는 것은 뇌가 쓸 수 있는 에너지 100%를 모두 배외측 전전두피질이 집중력을 발휘하는 데 쓴다는 뜻이다. 만약 집중력을 발휘해야 하는 순간 배외측 전전두피질 외의 다른 영역도 비슷하게 활성화되어 있다면 뇌가 쓸 수 있는 에너지 중 50% 정도만 배외측 전전두피질이 집중력을 발휘하는 데 쓰고, 나머지 50%는 다른 영역이 나눠 쓴다.

그리고 각 영역 간의 연결성이 명상하지 않은 사람에 비해 훨씬 높대. 하나의 일을 해낼 때 주요하게 작용하는 뇌 영역이 있긴 하지만, 어떤 행위든지 뇌의 각 영역이 조금씩 다 참여하고 서로 신호를 주고받아야 한다는 점을 생각해 보면, 뇌 영역 간의 연결성이 왜 중요한지 알 수 있을 거야. 각 영역이 원활하게 잘 연결되어 있으면, 더 빠르게 신호를 주고받고 결정을 내리는 것도 더 수월해지겠지? 꼭 수도승처럼 수련하거나 꾸준히 명상하지 않더라도, 하루에 한 번 정도 뇌가 잠시 쉬는 시간을 주는 것도 집중력을 기르는 데 큰 도움이 될 거야.

민지와 영지의 일기장을 통해 뇌가 어떻게 생겼고, 어떤 식으로 작동하는 기관인지 알게 됐지? 단순히 뇌라는 기관을 알게 된 것이 아니라 뇌는 얼마든지 변할 수 있고, 그 변화를 만들 수 있는 건 오직 나 자신이라는 점도 깨닫게 됐을 거야. 여기서 조금 더 나아가 나라는 존재와 뇌가 어떤 관계를 맺는지도 생각해 봤다면 더 좋을 것 같아.

복잡한 뇌의 각 영역이 어떤 역할을 맡는지 알게 되었으니 앞으로는 나와 친구들의 성격이나 행동을 뇌과학적으로 설명해 줄 수도 있을 거야. 단순히 '내향인이라서', '감정적이라서' 또는 '사춘기니까' 같은 이유가 아니라 뇌 때문에 나타나는 결과라고 말이지.

그리고 이 모든 과학적 지식보다 더 중요하게 기억해야 할 한 가지 사실이 있어. 뇌가 작동해서 감정이나 행동이 표현되고 성격도 결정되지만 이게 뇌가 나라는 사람을 만들어 낸다는 뜻은 아니라는 것 말이야. 오히려 그 반대로, 내가 뇌를 평생에 걸쳐서 만들어 나간다는 사실, 절대로 잊지 말았으면 해.

내 경험과 그 경험에서 내가 내린 선택이 쌓여서 뇌가 행동하는 방식이 결정되니까, 우리가 노력하는 만큼 뇌를 발달시킬 수도 있고 그 결과로 지적이면서도 좋은 사람이 될 수도 있어. 특히 뇌가 가장 많이 발달하는 시기인 청소년기는 인생의 어느 때보다 쉽게 뇌를 변화시킬 수 있는 마법 같은 시기라는 걸 항상 기억하자. 내가 어떤 사람이 되고 싶은지, 어떤 성격을 가지고 싶고 얼마나 감정을 풍부하게 느끼며 타인을 이해하고 싶은지를 평소에 생각하며 지내는 것만으로도 도움이 될 거야. 내 노력으로 뇌를 얼마든지 원하는 방향으로 쓸 수 있고, 또 내가 바라는 성격과 태도를 가진 사람이 될 수도 있다는 걸 늘 잊지 말고 지내기로 약속해!

참고 문헌

1 Göllner, Richard et al., "Whose "Storm and Stress" Is it? Parent and child reports of personality development in the transition to early adolescence", *Journal of Personality*, vol.85 no.3, 2016.

2 Savulich, George et al., "The 'Resilient Brain': Challenging Key Characteristics Associated with the Concept of Resilience", *Psychological Medicine*, vol.53 no.14, 2023.

3 Galinowski, A. et al., "Resilience and corpus callosum microstructure in adolescence", *Psychological Medicine*, vol.45 no.11, 2015.

4 Blakemore, Sarah-Jayne, "Imaging brain development: the adolescent brain", *NeuroImage*, vol.61 no.2, 2012.

5 Giedd, Jay N. et al., "Brain development during childhood and adolescence: a longitudinal MRI study", *Nature neuroscience*, vol.2 no.10, 1999.

6 Meunier, Martine and Jocelyne Bachevalier, "Comparison of emotional responses in monkeys with rhinal cortex or amygdala lesions", *Emotion*, vol.2 no.2, 2002.

7 Williams, Mark A. et al., "Amygdala responses to fearful and happy facial expressions under conditions of binocular suppression", *The Journal of neuroscience*, vol.24 no.12, 2004.

8 Ghuman, Avniel Singh et al., "Dynamic Encoding of Face Information in the Human Fusiform Gyrus", *Nature Communications*, vol.5, 2014.

9 Wicker, Bruno et al., "Both of us disgusted in My insula: the common neural basis of seeing and feeling disgust", *Neuron*, vol.40 no.3, 2003.

10 Crone, Evline A. and Elly A. Konijn, "Media use and brain development during adolescence", *Nature Communications*, vol.9, 2018.

11 Ibid.

12 Ophir, Eyal et al., "Cognitive control in media multitaskers", *Proceedings of the National Academy of Sciences of the United States of America*, vol.106 no.37, 2009.

13 Egner, Tobias and Joy Hirsch, "Cognitive control mechanisms resolve conflict through cortical amplification of task-relevant information", *Nature neuroscience*, vol.8 no.12, 2005.

14 Liston, Conor et al., "Anterior cingulate and posterior parietal cortices are sensitive to dissociable forms of conflict in a task-switching paradigm", *Neuron*, vol.50 no.4, 2006.

15 Kaushik, Pallavi et al., "Decoding the cognitive states of attention and distraction in a real-life setting using EEG", *Scientific Reports*, vol.12, 2022.

내가 아니라 뇌가 문제라고요?

1판 1쇄 발행일 2026년 2월 16일

지은이 박솔

발행인 김학원
발행처 (주)휴머니스트출판그룹
출판등록 제313-2007-000007호(2007년 1월 5일)
주소 (03991) 서울시 마포구 동교로23길 76(연남동)
전화 02-335-4422 **팩스** 02-334-3427
저자·독자 서비스 humanist@humanistbooks.com
홈페이지 www.humanistbooks.com
유튜브 youtube.com/user/humanistma
인스타그램 @gomgom_teens

편집주간 황서현 **편집** 이여경 임미영 **디자인** 유주현 **일러스트** 포비
조판 홍영사 **용지** 화인페이퍼 **인쇄·제본** 정민문화사

ⓒ 박솔, 2026

ISBN 979-11-7087-436-2 43400